解讀農民曆

談欽彰／著

目錄

推薦序

人猶如滄海之一粟邈若山河，而萬物更迭的變化卻高深莫測，老祖宗的智慧集結了五千年悠久文化傳統，預知未來而創造了「農民曆」，當時基本上是編給農民日常農耕參考的重要書籍，但是經過歷史的變遷，如今不管是工業時期或是科技時代，家家戶戶人手一本「農民曆」的習慣，已經遍及分佈在每個家庭。

看過談老師的著作，才發覺學習五術這麼多年來，原來對農民曆的了解還不是很全面，一般在首頁處最常看到的內容，就是有很多的術語，諸如大利方、小利方、不利方、黃帝地母經、春牛芒神圖、博士、奏書、蠶室、力士、土王用事、春社三伏日、入霉、出霉、入液、出液、歲時記事等等。若不是經由本書詳細的介紹，我想包括我在內很多人都不清楚其中的意涵。

本書深入淺出的介紹，我想非常適合與「農民曆」一起使用，只要有不明

瞭的地方，兩本書籍相互對照查閱，一些生澀、深奧的用語，從此不再困擾大家了，而且坊間類似著作很少，如今能得談老師精心編著，除了對他表示恭賀之外，本書對於五術方面的貢獻也別具意義。

中國五術教育協會成立至今已屆十年，全國也有六個各地的縣市分會，本會宗旨皆以科學態度研究易經：山、醫、命、卜、相之五術文化，破除迷信，教育民眾正確之五術常識，提升國民生活品質；增進同好之交流與情誼，共同開創社會祥和之風氣。並且定期與不定期舉辦五術講座、座談、研習、義診、義相等活動。當然談老師也是本會的菁英，五術造詣也是有口皆碑，最主要乃本會對於五術之研究，皆以學術研究為依據，在人心空虛、無助、徬徨的時候，能得到適時的心理輔導與迷津撫慰。

再次感謝與恭喜談老師，今之付梓行世，必能在五術界引發共鳴，在民間大放異彩，於此同時綴言幾句，以為序之！

高雄縣五術教育協會　理事長　李羽宸

戊子年臘月謹序於吉謙坊命理開運中心

網址：www.3478.com.tw

洪序

現代人生活作息，總是出門要看氣象報告，行事要翻農民曆，因而農民曆已成家家必備的生活珍本，幾成人人不可或缺的工具書。

但是農民曆版本甚多，每日行事吉凶或許有些差異，但第一、二頁的民曆內容卻大同小異。眾人矇矓不解，也不去追究原由，因此總是披上神秘面紗，日日匆匆，月月消逝，年年又過去了！還是無解。唉！民曆的資料是先賢仰觀天象、俯察人事而訂出的生活法則，是符合自然規律的寶典，是世界文化的遺產。

用來記時間、空間的十天干、十二地支，其實就是地球十大引力線及十二大磁場圈。金木水火土等五行是宇宙變化的表徵，其相互生剋的現象，就影響吾人生活的變化。而陰陽學說更足以說明宇宙的相對又相互存在的事實。廿四節氣的輪替，不但記錄著氣候的變化，更影響了人民耕作的時序及生命的調息。

至於歲時紀事，如五龍治水、二牛耕地、一日得辛、三姑把蠶、蠶食七葉、春社與秋社、入梅與出梅、三伏日及春牛芒神的服色等，都是古人農事的依據；而「黃帝地母經」，更預言當年的收成及可能發生的事，今人也有些些參考的價值。

而六十甲子太歲輪值、廿八星宿、建除十二神、九星方位、每日喜貴財神方位、胎神值方、每日沖煞、每年歲神吉凶方位、黃道與黑道、……等，已深深地響著人們趨吉避凶的生活節奏。光這些農民曆的名詞，就可以寫成一部大作矣！

我與欽彰兄亦師亦友，多年來一起研究占卜、法術、人相、……，覺得稱其『談大師』，亦非誇飾之詞，他學富五車，滿腹經綸，熱忱豪邁，為人敬重。如今「解讀農民曆」大作問世，必可解眾人對民曆之懸疑，而有助於社教功能之發揮。今丐序於余，樂於為序以薦之。

中國五術教育協會創會　理事長
中　國　五　術　研　究　院　院　長　洪富連
撰於戊子年葭月龍門龍鳳樓窗牖下

推薦序

欣逢臺中縣陽宅教育協會 談理事的「解讀農民曆」大作即將問市，本人倍感榮幸之至樂為談理事寫推薦序，因為談老師在宗教產品的研發與創新及努力付出，個人是甚表讚佩。

看過談老師這本書，這可算是想學習命理者的福氣，如果您想弄懂民間吉凶法，陽曆，陰曆，十二歲君，太歲，二十八星宿，大利方，沖煞方，孤鸞年，每日吉時，凶時等等在這本書中均能看個明白，這本書可說是最容易入門的書。

學習命理者將來必會人手一冊以徵生命之運數、一窺天地之奧妙、命、運、數的道理盡在此書中。

農民曆可說是坊間最多家庭所擁有的一本工具書，但您可弄懂內容中幾個章節呢，在書局中很難找到能將一本農民曆解釋的很清楚的書，但談老師這一本就很清楚的指引讀者該到哪裡找到資料，有了這本書，所有的問題都可迎刃而解，您想要了解的部份，都能在這本書找到資料，因為本書分類的很有系統，很好瞭解，讓您在學習的過程中可縮短學習時間，因為時間就是金錢，不是嗎？

作者本著經驗願意分享、不藏私、將所會所學全部傾囊而出的理念來整理這本書，只要您想學會如何看懂農民曆，看這本就能搞定一大半喔。

臺中市五術教育協會　理事長　黃恆堉

網址 www.abab.com.tw

網址 www.a8899.com

洪序

古人把日出而作，日落而息，當成生活的規律。周易・繫辭傳下曰：「日往則月來，月往則日來，日月相推而明生焉；寒往則暑來，暑往則寒來，寒暑相推而歲成焉。」由此可知古人把中國列為地球的中心，而日月圍繞著地球而運轉的觀念，造就了中國人對曆法的認知。

現今所使用的曆法為陰陽合曆。陽曆，即「太陽曆」，又稱「西曆」、「新曆」，是地球繞行太陽公轉一周為一年。而中國古代所採用的陰曆，即「太陰曆」，是以月球繞地球一周為一個月，大月三十日，小月二十九日，一年三五四日，三年一大閏，五年一小閏，十九年中有七閏。由於地球沿著橢圓形軌道繞太陽公轉，因此造成地球上各地區有不同的時間，而所接受的太陽熱能也有所不同，故而產生四季的變化。

古人向來是以農立國，故古代先民在「聽天由命」之餘，累積了觀察自然現象之經驗，而制訂曆法，故而頒行天下，來為民間所遵循。俗云：「天有不

測風雲，人有旦夕禍福。」古代沒有天氣預報，只有觀星象，定節氣，用「易理」來推斷禍福吉凶，之後有所謂的選擇「黃道吉日」、「吉日良辰」，都是為了給自己一個指導原則，去預防及改善，達到趨吉避凶之道。最後就有「擇日」之名詞出現，「擇日」有防患於未然，防微杜漸，養生律己的功用。

「擇日」，可信，但不可迷信，因擇日是古人以觀察星象為依據，利用陰陽五行的原理，及從時空、天象來觀察影響人類的生理、心理的變化，再從黃道吉日的選擇中體會出吉凶之道而所訂下之規律，擇日是要讓人民規劃自己的機會，而不是放棄機會，也不是過份拘泥宜忌，而變成失去機會，或成事不足，敗事反易。

談兄欽彰，上知天文，下知地理，對天文曆數知之甚詳，今〈解讀農民曆〉問世，最主要的是要讓人民了解曆法，讀者如能詳細閱讀，就能從曆法的規則中，找出對自己最有利之時間、空間，從而好好運用，而把握自己的機會，或是創造機會。如要了解中國傳統農民曆法，此書為最佳選擇，特別撰序薦之。

臺中縣陽宅教育協會 理事長 洪宇懋 謹誌

戊子年葭月

自序

一般家庭會備有日曆、月曆、年曆、桌曆等曆，除了可用於翻閱日期以外，並記事以為筆記之用，除了這些「曆」以外，家中必備「農民曆」用以選擇，選擇吉日以行事，選擇凶日以避之，故「農民曆」為中華民族祖先以其智慧及經驗所累積而成的曆法，並簡單的告知後代子孫人世間行事如何「趨吉避凶」，可以說是我們日常生活的科學寶典。

記得後學於未有師承之初，初窺「農民曆」對於其內容，見之如同見一本有字天書，每個字都懂，但確不知其意，後見「老師」不論婚喪喜慶皆需擇日，且見其人手邊一本「通書」總覺其知識淵博，亦對「五術」產生濃厚興趣，故一頭栽入易經、命理、堪輿的世界，有感農民曆隨手可得，若有手邊有一本淺顯易懂之工具書豈不妙哉。

「農民曆」雖為祖先所留之「驅吉避凶」的科學寶典，但一般人參閱農民曆內容時，確容易似懂非懂，或常有專有名詞無跡可考之處，故就個人所學，希望本書出版後，能成為輔閱農民曆的工具書一般，輕輕鬆鬆便可看懂一本農民曆，但個人所學仍有限，祈請先進予以不吝指教，讓本書更能為大眾更易使用。

本書成書於戊子年（民國九十七年），當年在付梓之前因修改章節而延宕，後因考上玄奘大學宗教所（辛卯．民國一〇〇年），因致力於學業，以致停擺出版事宜，癸巳年（民國一〇二年）畢業後，重新整理本書，發現不論章節或內容都需修改，在出版前卻又於丙申年（民國一〇五年），考上逢甲中文系博士班，再次延後本書出版之事，至今全面修改內容與章節後，本書終於在今年與各位讀者見面，希望各位讀者，將本書當成工具書，再翻閱農民曆時，若遇上不解之文字，可由本書快速為你解答。

談欽彰

於己亥年辰月謹編

關於作者

談欽彰

玄奘大學　宗教研究所　碩士
逢甲大學　中國文學所　博士
太玄法門奏職大法師
臺中縣陽宅教育協會　五術教育講師
部聘講師　證號講字一四二二八九號
仁德醫護管理專科學校生命關懷科　兼任講師
國立空中大學　生命事業管理科　兼任講師
修平科技大學　易經卜卦生活學　講師
嶺東科技大學　禮儀師培訓班　講師
中州技術學院　喪禮服務員培訓班　講師
喪禮服務乙丙級技術士術科監評委員

賜教電話　0932-619-895

壹、曆法

曆法基本概述

構成曆法的三個核心條件，此三者為曆型、節氣、朔望，若將此三者依其性質分別延伸出與其相關的曆理條件，分類如下：

一、曆型是作為一部曆法的指導基礎，也是一部曆法的主要架構，依制曆根據不同可分為太陽曆、太陰曆、陰陽合曆三個基本的造曆法則。

二、節氣的安排最主要是與太陽的照射角度安排有別，形成了春夏秋冬四個季節，再根據天數的不同，可延伸出平氣、定氣兩種造曆法則。

三、朔望的安排與太陰變化息息相關，依據曆法原則又有平朔、定朔兩種安排。

此外，曆法的首要原則是為了求合於天，所以古人對於日、月運動規律有更深入的觀察，尤其是為了找出日月運動至黃道上的相同點，這正是所謂「日月合朔」的理想。但太陰本身具有盈縮之朔望變化，而太陽運動的周期快慢不一，使得曆法中的日和月一個回歸年的周期不等，為解決此問題，進而衍伸出閏月這一種造曆法則。另外，除了從日月周期紀錄得來曆型、節氣、朔望這三大條件外，尚有曆元、歲首等不以自然現象作為觀察對象，而訂定出的人為基礎條件。[1]

在中國古代社會，須曆法為皇權的象徵之一，故改朝換代，也往往要改年號、改曆法。自秦漢以降，約有一百多種曆法。古人相信天象為國家命運、氣勢的指針，故重視太陽、月亮的運行，日、月蝕的推算，五大行星（水、金、火、木、土）的出沒，各節氣長短推定，每月天星象，及各種天文異象記錄、判讀與解析，是以中國古曆法為天文曆法。我國古採用三百六十五又四分之一度的周天分劃，西方通用三百六十度周天制。故就以太陽週期，或月亮週期為曆法，概述如下：

一、太陽曆

採用回歸年做為基本週期，以太陽的周年運動，做為天文依據的曆法，它和月亮的運動沒有任何關係。太陽曆簡稱陽曆，起源於古埃及，以地球繞日（太陽）公轉的週期（即一回歸年，每年有三六五．

二四二二日）為單位，最初埃及人訂一年有三百六十天，後來改為三百六十五天。

二、儒略曆

西元前四十六年，羅馬皇帝儒略．凱撒（Julius Caesar）在天文學家索西琴尼（Sosigenes）的參與下改革曆法，稱儒略曆。

陽曆大小月的分佈，是人定分配的，與月亮的圓缺無關。儒略曆每年有三百六十五天，分為十二個月，規定單數月三十一天；雙數月三十天，平年時，二月二十九天，閏年時三十天。每四年閏年一次（該年三百三十六天），平均每年長度為三六五．二五天，比回歸年多〇．〇〇七八八天，約每一百二十八年相差一日，每四百年多出三．一二日。現今，我們在天文上常用儒略日來方便比較各種天象發生的先後次序，或相距的時間間隔，避免因為曆法的變更所造成的困擾，並且訂西元前四七一三年一月一日正午十二點整（世界時）起算。

儒略曆係以羅馬城為發源地之曆法（又稱羅馬曆），早年將一年分為十個月，大約只有三百零四日，以三月（March）為首月，後來再加入一月(January)及二月(February),且最初亦採用陰曆月,一年共三百五十五日,因此閏月的時候,一年內會有十三個月,至於何時閏月?權利操於掌教之手。

直到西元前八年,羅馬會議稱八月為奧古斯都(August),那是奧古斯都皇帝(Augustus Caesar)之名,同時改為大月三十一天,以紀念他的功績和凱撒(Julius Caesar)同等偉大。而八月以後的大小月便相反過來,九月和十一月改為小月三十天;十月和十二月則為大月三十一天,八月增加的一天,扣去二月為二十八天,閏年為二十九天。改為格里曆後仍沿用至今。

三、格里曆

為了使曆年的平均長度更接近回歸年,西元一五八二年,羅馬教皇格里高利十三世(Pope Gregory XIII)根據義大利醫生利里奧在一五七六年提出的方案,對儒略曆做修正,定十月四日之翌日為十月十五日,以調整儒略曆與太陽年十日的差距,也就是在該年十月中除去十天,又為了使春分點與年初恢復至原來距離,因此在三月發布,並且規定在四百年內除去三閏，也就是四百的倍數年才置閏，就是現在通用的公曆，—格里曆。

格里曆一年有十二個月一、三、五、七、八、十、十二月為大月三十一天，二月二十八天（閏年二十九天），其餘各月為三十天、凡年數能為四整除者為閏年。這樣話，每四百年又多了大約三天，因此，對世紀年（一百、二百、三百、五百、六百……），只有被四百整除者才為閏年，比儒略曆又少了三天，一年平均長度為三六五．二四二五日，與回歸年僅相差〇．〇〇〇三平均太陽日，約三千三百年差一天。

四、國曆

陽曆每年有三百六十五天，每四年閏年一次（三百六十六天），逢百（對世紀年）不閏，逢四百又閏（使四百年內少閏三次）。換句話說：每四百年有閏年九十七次，其餘為平年。**我國辛亥革命後，於西元一九一二年開始採用格里曆為國家曆法，故稱國曆。**

五、太陰曆

太陰曆採用朔望月做為基本週期，以月球的運動做為天文依據的曆法，它和太陽的運動沒有任何關係。太陰曆簡稱「陰曆」，是人類史上最早的曆法，主要成分是曆月，派生曆年。陰曆是根據月相圓缺的週期訂出的曆法，也就是月球繞地球一周的時間為單位，這種單位稱為月，十二個月為一年。這裡所稱的「月」是指「朔望月」，等於二九．五三〇五九日，接近二九．五日，大月三十天、小月廿九天，全年各有六個大小月，並以「朔」為當月初一，合計三百五十四日，但十二個朔望月的實際長度為三五四．三六七一平均太陽日，為使更接近平均曆年的長度，計算〇．三六七一約等於三十分之十一，故每三十年（陰曆）中置十一個閏月（閏年每年有三五五天），平均大約每三年就有一個閏月。

由於陰曆不能準確反應季節變化的週期，曆年與回歸年相差十一天，約三十三年就循環一次，而十七年時則冬夏正好完全相反。不能符合農業生產的需求，現已棄置不用了。回教人士採用的回曆，即係此種純陰曆。猶太曆以西元前三七六一年十月七日下午十一時十一又三分之一分為紀元，平年十二個陰曆月（有三百五十三、三百五十四或三百五十五日），閏年有十三個月（有三百八十三、三百八十四或三百八十五日），十九年七閏。

（朔望月：從滿月到下一次滿月的時間長度，其長度在二九．二五天到二九．七五天之間變化，平均每二九．五三天為農曆一個月，稱為朔望月。又稱太陰月或會合月。會比恆星月還多二．二天的原因是地球也在繞太陽公轉，每個月行進約三十度，月球繞地球的公轉就得多花一點時間才會滿月。

恆星月：由太空看月球，月球繞地球一周的時間，大約二七．三二一六六天。

朔：太陽、地球、月球三者對齊成一直線時，且月球在二者之間的月相，看見月亮背對太陽的一面，全黑的月相。

望：太陽、地球、月球三者對齊成一直線時，且地球在二者之間的月相，看見月亮正對太陽和地球的一面，滿月的月相。）

六、陰陽（合）曆

中國有史以來就採用陰陽曆（夏曆），它兼具陰曆和陽曆二者的特點。陰陽曆將「回歸年」和「朔望月」並列為基本週期，同時考慮太陽和月球的運動，所訂定的曆法。此為我國固有的曆法，習慣上稱陰曆，又因農民喜歡以此曆進行農事，故稱農曆。陰陽曆以月相變化的週期做為一個月的長度，同時使曆年的長度接近回歸年。如此一來，每個月都符合月亮盈虧的週期，也同時每年都和季節交替的週期相差不多。

陰陽曆有陰曆的基礎，每月平均有二九．五三天（朔望月的長度），為了處理整數的問題，定大月為三十天，小月二十九天，並將「日月合朔」的日期作為月首（農曆初一），也就是太陽和月球的黃經相等時。因以「朔」為月初，這是人定的，所以大小月沒有固定在哪一個月份當中，端賴月亮繞地運轉的速率而定，如果兩次日月合朔之間有二十九天，那個月就是小月；若有三十天，那個月就是大月，臺灣習俗稱除夕夜為「二九暝」，事實上也經常「三十暝」。一九二八年的九月到十二月就有連續四個大月的記錄。

另外，十二個月的農曆平均約為三百五十四天，每年與回歸年（三百六十五天）相差約十一天，三年累積便超過一個月，因此每三年置閏年一次，閏年有十三個月，但仍比回歸年少幾天。要解決這個問題，中國春秋時代有「十九年七閏法」，也就是在十九個陰曆年中加入七個閏月，使曆法更接近回歸年的長度。西方在西元前四百三十三年才發現此週期，比中國約晚了一百六十餘年。

貳、農曆如何置閏？

陰陽曆（夏曆）中安排有廿四節氣，和季節、氣候有密切關係，以為廣大農村經營農事之參考，因此又稱農曆。閏月的安置是根據廿四節氣而定，把不含「中氣」的月份或只含一個「節氣」的朔望月定作閏月，並以上一月的名稱為名，稱「閏某月」。

由於春分到秋分期間，地球經過遠日點，運動較慢，所以兩個中氣間，間隔的時間就長，而月亮繞地球的週期變化不大，因此不含中氣的機會變大，閏月出現的機會就多些。古代曆法家取冬至為一年的開始，自冬至點到次一年的冬至點整個回歸年的時間平分為十二等份，每個分點稱為『中氣』，再將兩個中氣間的長度等分，其分點稱為『節氣』，十二個中氣加十二個節氣，統稱為二十四節氣。

節氣名稱以黃河流域地區的寒暑變化及耕耘播種之農時命名。農曆十二月（臘月）時的地球在近日點附近，運動較快速，閏月出現的機會就少很多，想要過兩個中秋節是可能的，而過兩個「除夕」，就太難了。經過統計，從西元一八四九年起至二〇三一年止，閏五月的次數最多；閏正月、閏十一月、閏十二月則沒有發生過；閏九月則僅二〇一四年發生一次。從統計表中亦可知：閏月的分佈並無規律性[2]。

1 談佳琪，〈子平命學四柱理論架構探微——以曆法為中心〉，逢甲大學中文研究所碩士論文，二〇一八年。

2 這是十九年七閏的原理，詳細的推算法，參見〔東漢〕班固，《漢書》，頁一〇六〇～一〇六一。

參、讀農民曆前的準備

翻開農民曆後，就會發現有許多「術語」及「專有名詞」，所以要了解農民曆，則需先對其「術語」及「專有名詞」有初步了解後，才可看懂農民曆。

一、干支

干支是天干與地支的合稱，中國古代用以記錄年、月、日、時。用干支紀年法紀年時一個周期為六十年，天干有十個，分別是甲、乙、丙、丁、戊、己、庚、辛、壬、癸，又稱十天干。另外，地支有十二個，分別是子、丑、寅、卯、辰、巳、午、未、申、酉、戌、亥，稱為十二地支。由兩者經一定的組合方式搭配成六十對，為一個周期，循環往復，稱為六十甲子或六十花甲。例如我們計算年，一個天干搭配一個地支，這樣算一年。從甲子開始，接著乙丑、丙寅、丁卯…等，最後又回到甲子，根據排列組合計算，需經過六十年，這也就是俗稱的「一甲子六十年」。

所以也用「甲子之年」或「花甲之年」來形容活到六十歲以上的人。古時的中國，都是用這個方法在計算的，例如我們常聽說國父辛亥革命推翻滿清政府，指的是農曆用語辛亥年，也就是清朝宣統三年，也是西元一九一一年，在武昌起義推翻滿清政府。

另外，因為地支有十二個，所以舉凡跟十二有關的數字，都跟地支有直接關聯。例如：十二生肖、十二時辰、十二月份等等。我們一樣以表格的方式，表示如下。不過，這裡要提醒讀者，地支是由「子」開始起算，在應用「生肖」與「時辰」時，也一樣由子開始起算；但是，**月份卻是由「寅」起算一月，不是「子」，請特別留意。**

地支	生肖	時辰	月份
子	鼠	23~01	11
丑	牛	01~03	12
寅	虎	03~05	1

地支	生肖	時辰	月份
午	馬	11~13	5
未	羊	13~15	6
申	猴	15~17	7

地支	生肖	時辰	月份
卯	兔	05~07	2
辰	龍	07~09	3
巳	蛇	09~11	4
地支	生肖	時辰	月份
酉	雞	17~19	8
戌	狗	19~21	9
亥	豬	21~23	10

天干與地支的相配合為一個新的組合，新的組合則會有不同的「氣」，中國古代用以記錄年、月、日、時，所以這每年、每月、每日、每時，便成為我們每個人不同的「四柱」，因為年、月、日、時各有一個天干與地支的組合，所以這個組合就是我們的「八字」，命理上八字可作為判斷各人一生的榮、福、吉、凶的依據。

二、沖、煞、刑、害、合

讀者除了解天干地支關連外，在五術命理，或閱讀農民曆時，我們尚須了解天干與地支彼此間的「沖」、「煞」、「刑」、「害」、「合」

等關係。「沖」是指五行相剋、方位相對，有互相衝突的意思，是一個嚴重的現象。我們常聽人説，某人跟某人犯沖，不適合在一起，就是這個意思。另外，「煞」為被動的「沖」，舉例來説「沖」比較像開車時兩車對撞，「煞」像是停紅綠燈時，我靜止的狀態下，對方追撞我方或對方逆向衝撞我方，其衝撞力道不亞於「沖」的力量，所以俗語有「被（去）煞到」這句話，再者，「刑」就是處罰的意思，例如辰、午、酉、亥屬自刑，表示有事發生時他們會自我處罰，也就是內心較想不開，縱使別人不怪他，也會責罰自己。「害」是指互相擠壓、壓迫的意思，在五術命理，它的影響程度算是最輕微的，因此常被忽略之。最後，「合」表示互相羈絆或結合在一起的意思，好的「合」代表合作、合夥、和解等，不好的「合」代表牽絆、糾纏、妥協等。

通常在農民曆上所謂「沖」，指的是人或方位與日的地支的對沖。沖為大凶，凡事逢之俱不祥也。所謂「煞」，指的是人或方位與日的地支三合對沖的方位。沖者衝也，凡事逢沖則散，吉事不宜，所以忌沖、忌煞。當然在命理上則會考慮到，年、月、日、時的沖煞，但本書僅介紹農民曆的解讀，命理上的細部道理，則不在本書範圍。

肆、農民曆第一頁

【農民曆第一頁介紹】

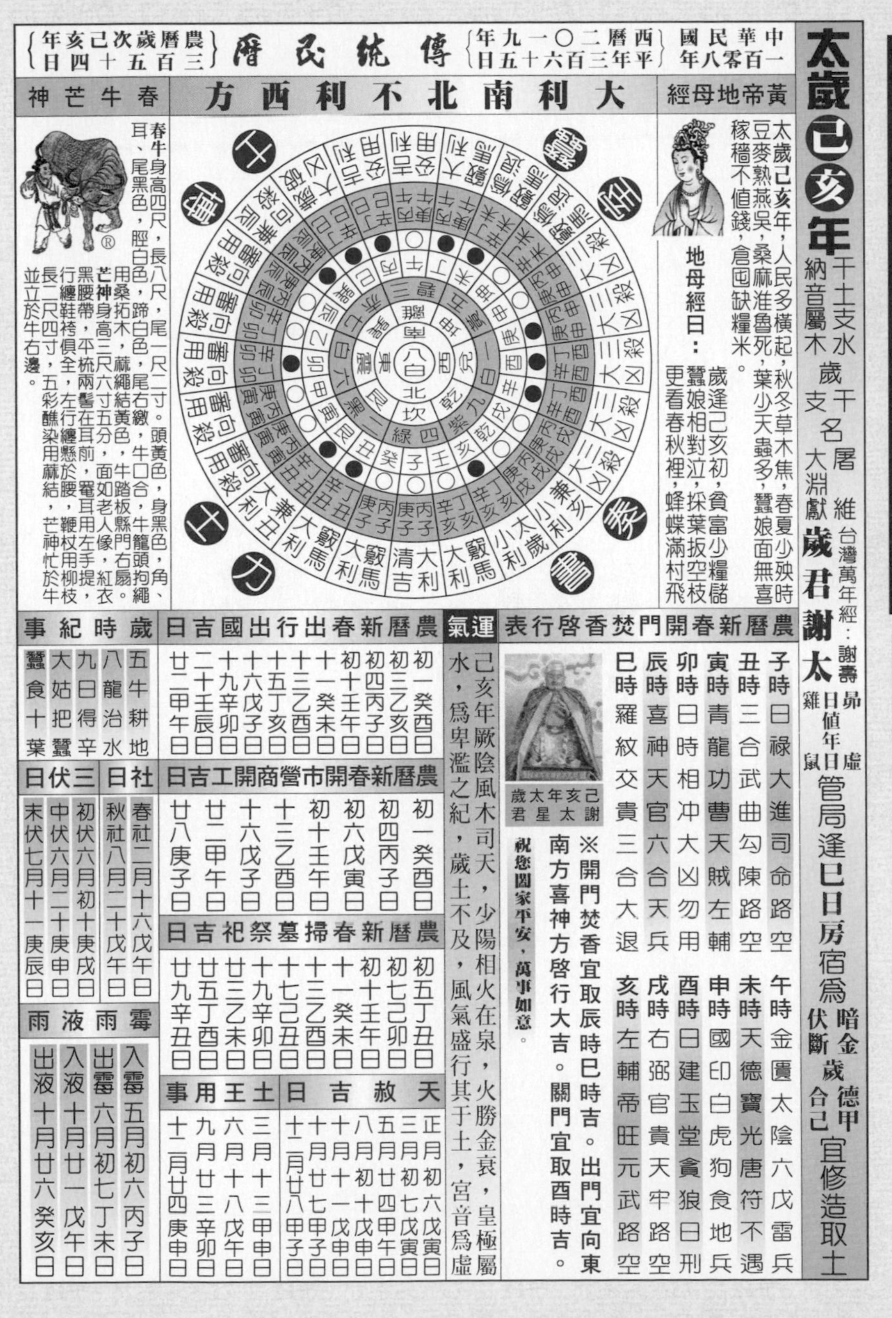

中華民國一百零八年　西曆二〇一九年 平年三百六十五日　**傳統民曆**　農曆歲次己亥年 三百五十四日

太歲己亥年

干土支水　納音屬木　歲干名屠維　歲支名大淵獻　歲君謝太

台灣萬年經：謝壽

日值年 昴日雞　日值日 虛日鼠

管局逢巳日房宿爲暗金伏斷　歲德甲　歲合己　宜修造取土

黃帝地母經

太歲己亥年，人民多橫起，秋冬草木焦，春夏少殃時，豆麥熟燕吳，桑麻淮魯死，葉少天蟲多，蠶娘面無喜，稼穡不值錢，倉囤缺糧米。

地母經曰：歲逢己亥初，貧富少糧儲，蠶娘相對泣，採葉扳空枝，更看春秋裡，蜂蝶滿村飛。

大利南北不利西方

春牛芒神

春牛身高四尺，長八尺，尾一尺二寸。頭黃色，身黑色，角耳、尾黑色，脛白色，蹄白色，尾右繳，牛口合，牛籠頭，拘繩用桑拓木，蔴繩結黃色，牛踏板縣門，右扇。芒神身高三尺六寸五分，面如老人像，紅衣，黑腰帶平梳兩髻在耳前，罨耳用左手提，行纏鞋袴俱全，左行纏懸於腰，鞭杖用柳枝，長二尺四寸，五彩醮染用蔴結，芒神忙於牛並立於牛右邊。

農曆新春開門焚香啓行表

時辰	吉凶神	時辰	吉凶神
子時	日祿大進司命路空	午時	金匱太陰六戊雷兵
丑時	三合武曲勾陳路空	未時	天德寶光唐符不遇
寅時	青龍功曹天賊左輔	申時	國印白虎狗食地兵
卯時	日時相冲大凶勿用	酉時	日建玉堂貪狼日刑
辰時	喜神天官六合天兵	戌時	右弼官貴天牢路空
巳時	羅紋交貴三合大退	亥時	左輔帝旺元武路空

己亥年太歲謝太星君

※開門焚香宜取辰時巳時吉。出門宜向東南方喜神方啓行大吉。關門宜取酉時吉。

祝您闔家平安，萬事如意。

運氣

己亥年厥陰風木司天，少陽相火在泉，火勝金衰，皇極屬水，爲卑濫之紀，歲土不及，風氣盛行其于土，宮音爲虛

農曆新春出行出國吉日

初一癸酉日、初三乙亥日、初四丙子日、初十壬午日、十一癸未日、十三乙酉日、十五丁亥日、十六戊子日、十九辛卯日、二十壬辰日、廿二甲午日

歲時紀事

五牛耕地、八龍治水、九日得辛、大姑把蠶、蠶食十葉

農曆新春開市營商開工吉日

初一癸酉日、初四丙子日、初六戊寅日、初十壬午日、十三乙酉日、十六戊子日、廿二甲午日、廿八庚子日

社日

春社二月十六戊午日、秋社八月二十戊午日

三伏日

初伏六月初十庚戌日、中伏六月二十庚申日、末伏七月十一庚辰日

農曆新春掃墓祭祀吉日

初五丁丑日、初七己卯日、初十壬午日、十一癸未日、十三乙酉日、十七己丑日、十九辛卯日、廿三乙未日、廿五丁酉日、廿九辛丑日

霉雨液雨

入霉五月初六丙子日、出霉六月初七丁未日、入液十月廿一戊午日、出液十月廿六癸亥日

天赦吉日

正月初六戊寅日、三月初七戊寅日、五月廿四甲午日、八月初十戊申日、十月十一戊申日、十月廿七甲子日、十二月廿八甲子日

土王用事

三月十三甲申日、六月十八戊午日、九月廿三辛卯日、十二月廿四庚申日

當翻開農民曆第一頁時，就是一大堆「干」、「支」符號，即一些「奇怪」的日子，這些符號與日子正是農民曆廣為流傳的因素，為什麼農民曆能夠歷久不衰？甚至農民曆的發行量比聖經還大，原因在此，農民曆為一本通用的擇日書刊，一年一編，除了記日以外，通常農民曆內容會有本年生肖運勢，百年對照表，神佛誕辰日，簡易術數，周公解夢等不勝枚舉，《協記辨方書．卷三》：「舉事無細大，必擇其日辰，義歟曰敬天也。記曰，易抱龜南面，天子眷冕北面，雖有明智之心，必進斷其知焉，亦不敢專以尊天也。」選擇的道理也是如此，天地神祇之所向則順之，所忌則避之，趨吉避凶的方法有許多種，擇日，乃順天應人，觸動機竅的關鍵，無擇日就無觸動天、地、人玄妙的契機。這也是農民曆廣為流傳的原因。再者農民曆是給一般庶民閱讀，所以在編排上也是非常親民的，只是農民曆在編排時，僅就當年的輪值神煞、太歲或記事等編排，無法一窺全貌，本書章節則就所見之輪值神煞、太歲或記事等，完整編列以饗讀者。

一、歲次干支

右圖為太歲己亥年（天）干（屬）土，（地）支（屬）水，納音（五行）屬木，（年）歲天干名（為）屠維，（年）歲地支名（為）大淵獻，（太）歲（星）君名為謝太，臺灣萬年經（稱）：謝壽。昴日雞[1]（註）值年，虛日鼠[2]（註）管局，逢巳日房宿為暗金伏斷（日）。歲德（日）甲（日），歲（德）合（日）己（日）宜修造取土（吉）。

天干有十曰：甲、乙、丙、丁、戊、己、庚、辛、壬、癸。是為記「日」方便所用的符號。

地支有十二：子、丑、寅、卯、辰、巳、午、未、申、酉、戌、亥。是為記「月」、「歲（年）」方便所用的代號。

用農曆記日一個月為三十天，故以十天干記日最方便。

1 昴日雞為二十八星宿名。

2 虛日鼠為二十八星宿名。

二、太歲

太歲本為星名，即人們通稱的木星，又名陰德、天一、青龍，俗稱歲君、歲神。木星運行軌跡與日月及其他星辰方向相反，是由西而東，它繞天一周為十二年，古人為方便紀年，造一假星，運行軌道與日月星辰方向相同，由東而西，時間、位置則與木星相結合，又把木星繞天一周十二年，分成十二段，配合十二地支，用以紀年，稱為十二辰，或稱年太歲。古代陰陽家經過長期觀察，發現木星每當停留之處，相對人間所在之地必發生禍事。《清稗類鈔》記載：「俗以太歲所在之方與所食之地，依地支十二字，每年換移，凡所在之地起土興工，則所食之地必有死者，例如太歲在子，歲食在酉，子地興工，則酉家必遭其殃。」太歲為大山之神，

人們惟恐觸犯太歲，會災禍臨身，而敬畏崇拜是故當年太歲神將是當年中所有吉神煞位系統中位階最高的神祇，祂對人事影響也是當年最大的一位神明，逐年更替，更有「太歲當頭坐，無災必有禍」，或「太歲頭上動土」等民間俗語。更有所謂『犯太歲』者需到廟宇『安太歲』太歲即為當年值年執事的神，六十甲子各有值年之太歲，今年己亥值年太歲為謝壽（濤、太、燾）[3]，生肖屬豬者「犯太歲」，屬蛇者為「沖太歲」或「刑太歲」，至於其他太歲名如下：

干支	納音五行	太歲名	流年生肖		犯太歲人生肖（當年需安奉太歲者）
甲子	金	金辦（赤）	子	鼠	正沖：鼠、馬／偏沖：兔、雞
丙子	水	郭嘉	子	鼠	正沖：鼠、馬／偏沖：兔、雞
戊子	火	郢班（鏜）	子	鼠	正沖：鼠、馬／偏沖：兔、雞
庚子	土	虞起（超）	子	鼠	正沖：鼠、馬／偏沖：兔、雞
壬子	木	邱（丘）德	子	鼠	正沖：鼠、馬／偏沖：兔、雞
乙丑	金	陳泰（材）	丑	牛	正沖：牛、羊／偏沖：龍、狗
丁丑	水	汪文	丑	牛	正沖：牛、羊／偏沖：龍、狗

干支	納音五行	太歲名	流年生肖	犯太歲人生肖（當年需安奉太歲者）
己丑	火	潘蓋（佑）	丑 牛	正沖：牛、羊／偏沖：龍、狗
辛丑	土	湯信	丑 牛	正沖：牛、羊／偏沖：龍、狗
癸丑	木	林溥（溝）	丑 牛	正沖：牛、羊／偏沖：龍、狗
丙寅	火	沈興	寅 虎	正沖：虎、猴／偏沖：蛇、豬
戊寅	土	曾光	寅 虎	正沖：虎、猴／偏沖：蛇、豬
庚寅	木	鄔桓	寅 虎	正沖：虎、猴／偏沖：蛇、豬
壬寅	金	賀諤	寅 虎	正沖：虎、猴／偏沖：蛇、豬
甲寅	水	張朝（潮）	寅 虎	正沖：虎、猴／偏沖：蛇、豬
丁卯	火	耿章	卯 兔	正沖：兔、雞／偏沖：鼠、馬
己卯	土	（龔）伍仲	卯 兔	正沖：兔、雞／偏沖：鼠、馬
辛卯	木	范寧	卯 兔	正沖：兔、雞／偏沖：鼠、馬
癸卯	金	皮時	卯 兔	正沖：兔、雞／偏沖：鼠、馬
乙卯	水	（萬）方清	卯 兔	正沖：兔、雞／偏沖：鼠、馬
戊辰	木	趙達	辰 龍	正沖：龍、狗／偏沖：牛、羊
庚辰	金	（童）重德	辰 龍	正沖：龍、狗／偏沖：牛、羊

干支	納音五行	太歲名	流年生肖	犯太歲人生肖（當年需安奉太歲者）
壬辰	水	彭泰	辰	龍	正沖：龍、狗／偏沖：牛、羊
甲辰	火	李誠（成）	辰	龍	正沖：龍、狗／偏沖：牛、羊
丙辰	土	辛亞	辰	龍	正沖：龍、狗／偏沖：牛、羊
己巳	木	郭燦	巳	蛇	正沖：蛇、豬／偏沖：虎、猴
辛巳	金	鄭祖（但）	巳	蛇	正沖：蛇、豬／偏沖：虎、猴
癸巳	水	徐舜	巳	蛇	正沖：蛇、豬／偏沖：虎、猴
乙巳	火	吳遂	巳	蛇	正沖：蛇、豬／偏沖：虎、猴
丁巳	土	易彥	巳	蛇	正沖：蛇、豬／偏沖：虎、猴
庚午	土	王清	午	馬	正沖：馬、鼠／偏沖：兔、雞
庚午	木	陸（路）明	午	馬	正沖：馬、鼠／偏沖：兔、雞
庚午	金	張詞（祠）	午	馬	正沖：馬、鼠／偏沖：兔、雞
庚午	水	文折（祐）	午	馬	正沖：馬、鼠／偏沖：兔、雞
庚午	火	姚黎（黎卿）	午	馬	正沖：馬、鼠／偏沖：兔、雞
辛未	土	李素（召於）	未	羊	正沖：羊、牛／偏沖：龍、狗
癸未	木	魏明（仁）	未	羊	正沖：羊、牛／偏沖：龍、狗

干支	納音五行	太歲名	流年	生肖	犯太歲人生肖（當年需安奉太歲者）
乙未	金	楊賢	未	羊	正沖：羊、牛／偏沖：龍、狗
丁未	水	僇（繆）丙	未	羊	正沖：羊、牛／偏沖：龍、狗
己未	火	傅悅（儻）	未	羊	正沖：羊、牛／偏沖：龍、狗
壬申	金	劉旺	申	猴	正沖：猴、虎／偏沖：蛇、豬
甲申	水	方傑（公）	申	猴	正沖：猴、虎／偏沖：蛇、豬
丙申	火	管仲	申	猴	正沖：猴、虎／偏沖：蛇、豬
戊申	土	俞忠	申	猴	正沖：猴、虎／偏沖：蛇、豬
庚申	木	毛倖（梓）	申	猴	正沖：猴、虎／偏沖：蛇、豬
癸酉	金	康忠（志）	酉	雞	正沖：雞、兔／偏沖：馬、鼠
乙酉	水	蔣耑（嵩）	酉	雞	正沖：雞、兔／偏沖：馬、鼠
丁酉	火	康傑	酉	雞	正沖：雞、兔／偏沖：馬、鼠
己酉	土	程寅（實）	酉	雞	正沖：雞、兔／偏沖：馬、鼠
辛酉	木	文政（石）	酉	雞	正沖：雞、兔／偏沖：馬、鼠
甲戌	火	誓廣	戌	狗	正沖：狗、龍／偏沖：牛、羊
丙戌	土	（白）向般	戌	狗	正沖：狗、龍／偏沖：牛、羊

干支	納音五行	太歲名	流年生肖	犯太歲人生肖（當年需安奉太歲者）
戊戌	木	姜武	戌 狗	正沖：狗、龍／偏沖：牛、羊
庚戌	金	（伍）化秋	戌 狗	正沖：狗、龍／偏沖：牛、羊
壬戌	水	洪范（記、剋）	戌 狗	正沖：狗、龍／偏沖：牛、羊
乙亥	火	伍保（倖）	亥 豬	正沖：豬、蛇／偏沖：虎、猴
丁亥	土	（均）封齊	亥 豬	正沖：豬、蛇／偏沖：虎、猴
己亥	木	謝壽（濤）	亥 豬	正沖：豬、蛇／偏沖：虎、猴
辛亥	金	葉堅（鏗）	亥 豬	正沖：豬、蛇／偏沖：虎、猴
癸亥	水	虞程	亥 豬	正沖：豬、蛇／偏沖：虎、猴

太歲除了上述的六十太歲外，也有十二太歲，農民曆常使用的神煞。根據唐代李淳風的四利三元，「一太歲、二太陽、三喪門、四太陰、五官符、六死符、七歲破、八龍德、九白虎、十福德、十一弔客、十二病符，太陽、太陰、龍德、福德為吉，餘方為凶。」如今年為己亥年肖豬為太歲，肖狗為病符，應以順行排列十二太歲。《協紀辨方書》也說到：「乾坤寶典曰：『病符』主災病，常居歲後一辰。曹震圭曰：居歲

後一辰是言「舊歲」也。新歲將旺，舊歲必衰，衰則病也。」所謂「舊歲」亦是「舊太歲」也，「新歲」為「亥」「舊歲」為「戌」。病符：子年在亥；丑年在子；寅年在丑；卯年在寅；辰年在卯；巳年在辰；午年在巳；未年在午；申年在未；酉年在申；戌年在酉；亥年在戌。

太歲對人的影響甚鉅，所以農民曆在一開始編印時，一定從今年太歲編起，也因農曆使用干支記日，所以也必須從今年歲次編起，在年底時收到農民曆的人，翻開農民曆後，家中有「犯太歲」者，也要找個時間去本地公（大）廟報名明年的「安太歲」。

3 太歲之名因地各異，目前流行的六十位太歲神，來自於北京白雲觀，目前僅知六十位太歲的名諱在清代中期全真道龍門派道士柳守元的《歲君解厄法懺》中首次完整呈現，然而不僅各地流傳的神明稱號用字不同，甚至沒有任何太歲神的傳說。因此二〇〇五年八月，上海城隍廟住持陳蓮笙道長和香港蓬瀛仙館黎顯華道長號召主編了一部宣稱經過神諭下完成的《太歲神傳略》，為六十位太歲神做了個別的傳記。但這種神祕編輯下的傳記，已經在陳峻誌博士的《太歲信仰研究論文》中被質疑。

三、天干、地支與納音

太歲己亥年
干土支水
納音屬木
歲干名屠維
歲支名大淵獻
歲君謝太
台灣萬年經：謝壽
昴日雞
值年
虛日鼠
管局逢巳日房宿爲伏斷
暗金 伏斷
歲德甲 歲合己
宜修造取土

干（屬）土，（地）支（屬）水，納音（五行）屬木

這裡敘述的是指，今年「己亥」年的天干「己」五形屬土，今年「己亥」年的地支「亥」五形屬水，納音則為木，前述干支為記日的符號，但干支除了作為曆法記日的符號外，也為五術[4]的應用，十天干與十二地支按順序兩兩相配，從甲子到癸亥，共六十個組合，故稱六十甲子，六十甲子中，任何一個天干與地支的組合，都有一個新的五行—即納音相對應。納音，是在術數預測中廣為應用的一種取「數」的方法，納音的「音」，就是我國古人根據不同音階確定的五音。按照古法十二律的構成方法，根據干支、五行各自的性質與六十甲子相納配，每一行納上十二個干支，形成六十組，兩組合成一個納音。以比喻性的說明和定義

顯示人生的吉凶富貴，其基本的意義還是用「五行」來闡述的。這就是納音取象。

六十甲子與納音的關係經推演後，被規定下來，古人為了記憶的方便，還做了一個《六十甲子納音歌》，如左：

甲子乙丑海中金
甲戌乙亥山頭火
甲申乙酉井泉水
甲午乙未砂中金
甲辰乙巳覆燈火
甲寅乙卯大溪水

戊辰己巳大林木
戊寅己卯城頭土
戊子己丑霹靂火
戊戌己亥平地木
戊申己酉大驛土
戊午己未天上火

丙寅丁卯爐中火
丙子丁丑澗下水
丙戌丁亥屋上土
丙申丁酉山下火
丙午丁未天河水
丙辰丁巳砂中土

庚午辛未路傍土
庚辰辛巳白臘金
庚寅辛卯松柏木
庚子辛丑壁上土
庚戌辛亥釵釧金
庚申辛酉石榴木

壬申癸酉劍鋒金
壬午癸未楊柳木
壬辰癸巳長流水
壬寅癸卯金箔金
壬子癸丑桑柘木
壬戌癸亥大海水

也因天干、地支本身就有自己的五行屬性，當組合後又有不同屬性，再與年、月、日、時相遇後，又產生不同變化，所以命理的變化才會豐富，也讓人覺得命理深不可測。農民曆就是一本整理好的通用書，將今年每月、每日的屬性整理好，提供大眾作為參考依據。

4 五術泛指山（修仙）、醫（理）、命（理）、相（手面相或陰陽宅相）、卜（卦）五種術數。

四、古代歲『干、支』神明名字

太歲己亥年 干土支水 納音屬木
歲干名屠維 支名大淵獻
歲君謝太 台灣萬年經：謝壽
昴 雞 虛 鼠 日值年日
管局逢巳日房宿爲 暗金伏斷
歲德甲合己 宜修造取土

（年）歲天干名（為）屠維，（年）歲地支名（為）大淵獻

古代歲『天干』神明名字

天干	天干神名字
甲	閼(ㄜˋ)逢
乙	旃(ㄓㄢ)蒙
丙	柔兆
丁	張圉(ㄩˇ)
戊	著雍
己	屠維
庚	上章
辛	重光
壬	玄黓(ㄧˋ)
癸	昭陽

古代歲『地支』神明名字

地支	地支神名字
子	困敦
丑	赤奮若
寅	攝提格
卯	單閼
辰	執徐
巳	太荒
午	敦牂(ㄗㄤ)
未	協洽
申	涒(ㄐㄩㄣ、ㄊㄨㄣ)灘
酉	作鄂
戌	閹(ㄧㄢ)茂
亥	大淵獻

這是從古代天干地支記年法，衍生的星辰信仰，在十天干各有其名，十二地支也是各有其名，當每個天干與地支相配時還會有一位神明，那就是值年的太歲。

五、二十八星宿

太歲己亥年
干土支水
納音屬木
歲干名屠維
歲支名大淵獻
歲君謝太（台灣萬年經：謝壽）
昴日雞值年 虛日鼠管局
逢巳日房宿為暗金伏斷
歲德甲合己
宜修造取土

昴日雞值年，虛日鼠管局

「昴日雞」值年，是指二十八星宿的「昴」星值年，每個星神名字之中間文字有七政名「日、月、金、木、水、火、土」相配，星神名字之末尾文為動物名來代表十二生肖和蛟、貉、狐、豹、獬、蝠、燕、貐、狼、雉、烏、猿、犴、獐、鹿、蚓等動物。二十八星宿記日更成為農民曆中經常記載的內容，也為擇日參考的要項。

東方青龍七宿

角木蛟　亢金龍　氐土貉　房日兔　心月狐　尾火虎　箕水豹

北方玄武七宿

斗木獬　牛金牛　女土蝠　虛日鼠　危月燕　室火豬　壁水貐

西方白虎七宿

奎木狼　婁金狗　胃土雉　昴日雞　畢月烏　觜火猴　參水猿

南方朱雀七宿

井木犴　鬼金羊　柳土獐　星日馬　張月鹿　翼火蛇　軫水蚓

漢民族以農立國，「觀象授時」為農民耕種之重要依據，為觀察日、月、五行星所在之恆星背景，逐漸發展星宿觀念。由於月球繞行地球一周為二七．三日，所行路徑為白道（與黃道夾角五度），古人將白道圈分成二十八段，則月球大約每日東移到二十八段中的一個星宿內。二十八宿又分為四組，每組七宿，與東西南北四個方位和青龍、白虎、朱雀、玄武四種動物形象相配，稱為四象。

六、暗金伏斷

太歲己亥年
干土支水 納音屬木
歲干名屠維 歲支名大淵獻
歲君謝太 台灣萬年經：謝壽
值年昴日雞 值日虛日鼠 管局
逢巳日房宿爲暗金伏斷
歲德甲 歲合己 宜修造取土

逢巳日房宿為暗金伏斷（日）。

暗金乃出奇門演禽，他事無應，准用以治白蟻，塞鼠穴甚驗。清・魏青江《宅譜邇言》所述：「凡宅內，子方門、癸方門不可開，開則多鼠，擇『暗金伏斷日』塞鼠穴。」《玉匣記》則說伏斷日：「宜小而斷乳、塞鼠穴、斷白蟻」。

七、流年方位宜忌

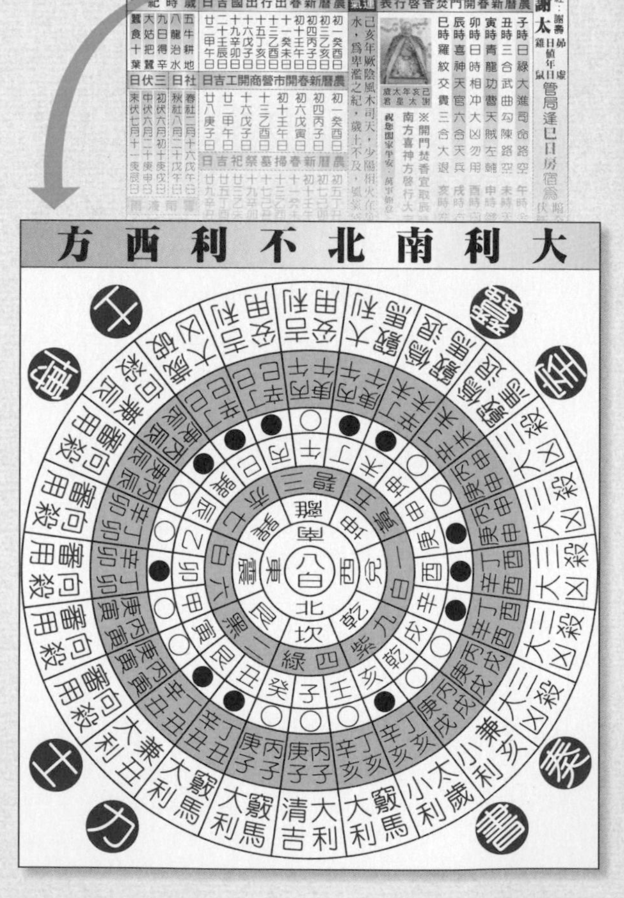

農民曆首頁這一幅圖為本年流年方位宜忌圖、年神方位圖，圖內天干；地支每年一樣，因其為方位圖故皆不變，為內有紫白九宮，一年一移，力士、博士、蠶室、奏書四隅星三年一移。這裡要注意的是本圖為

使用「指南針」，故為南上北下，東左西右，讀者要注意所看的方位。有些農民曆會配合現代，使用「指北針」，東、南、西、北會與本圖相反，本方位圖由內往外看，依次為紫白九宮方位，今年為八白入中宮，再來告知讀者本方位圖的方向，第三圈為後天八卦，第四圈為紫白九宮分佈方位，第五圈則為二十四山，此二十四山分佈方位是不變的，二十四山外圍的黑圈與紅圈，是讓讀者快速的找到好（紅圈）方位及壞（黑圈）方位，最外圈同義。

方位的概念：南北指的是天南地北

方↓指的是八方（後天八卦） **位**↓指的是四方位　東、南、西、北

天南地北↓指的是天在上為南方，地在下為北方。

一卦管三山其所屬意義如下

（一）大利方

大利南北方（為今年所屬吉利方位）不利西方（為今年所屬不利

方位，亦為沖煞方位），方位圖最外圈即表示西方為三煞方大凶。所以今年不利西方的意思是兌卦所管之地為今年的煞方，西方的方位也就是俗稱「沒利年」。

（二）奏書

為歲之貴神，掌管進言，上書呈進財物等事，是察私及褒揚之神，奏書所理之地，宜祭祀求福，起造修屋，掘溝築牆，立門安床，自是財源廣進。

其所屬方位如下：

寅卯辰年在艮（註）（東北方）　巳午未年在巽（註）（東南方）

申酉戌年在坤（註）（西南方）　亥子丑年在乾（註）（西北方）

以今年為例：己亥年即為西北方

（三）博士

為歲之善神，才學廣博掌案牘，主擬議，為掌理政治綱紀，選賢任能之職，博士所屬之方向，利於動土興修，立柱安門，遷徙入宅，栽種，放水開池，擇賢任能，治國施政之事。博士所理方位正好與奏書相對，奏書在坤，博士則在艮。

所屬方位如下：

寅卯辰年在坤（西南方）　巳午未年在乾（西北方）
申酉戌年在艮（東北方）　亥子丑年在巽（東南方）

以今年為例：己亥年即為東南方

（四）力士

為歲之惡神，力大無窮之武將，主刑殺，所居方向宜退避，不可抵向，以避災避禍，犯之致生疾病。

所居方位如下：

寅卯辰年在巽（東南方）　巳午未年在坤（西南方）
申酉戌年在乾（西北方）　亥子丑年在艮（東北方）

以今年為例：己亥年即為東北方

（五）蠶室

為歲之凶神，主絲蠶棉帛之事，所居之位，不可修動（修房，裁衣），否則收成不好，故不可向之，蠶室，古之獄名，宮刑者所居之室，故為幽暗之地，羅網之位。

所屬方位如下：

寅卯辰年在乾（西北方）　巳午未年在艮（東北方）

申酉戌年在巽（東南方）　亥子丑年在坤（西南方）

以今年為例：己亥年即為西南方

農民曆是一本整理好的擇日書，開頭就將今年最重要的神煞整理出來，讓讀者一翻閱就可知今年的大方向，歲之貴神，掌管進言，上書呈進財物等事，是察私及褒揚之神，奏書所理之地，宜祭祀求福，起造修屋，掘溝築牆，立門安床，自是財源廣進。提醒民眾進貴的一個方向，

歲之善神，才學廣博掌案牘，主擬議，為掌理政治綱紀，選賢任能之職，博士所屬之方向，利於動土與修，立柱安門，遷徙入宅，栽種，放水開池，擇賢任能，治國施政之事。提醒民眾選才的一個方向，為歲之惡神，力大無窮之武將，主刑殺，所居方向宜退避，不可抵向，以避災避禍，犯之致生疾病。提醒民眾避開凶方的一個方向，歲之凶神，主絲蠶棉帛之事，所居之位，不可修動（修房、裁衣），否則收成不好，故不可向之，蠶室，古之獄名，宮刑者所居之室，故為幽暗之地，羅網之位。提醒民眾行事要注意的一個方向。

八、黃帝地母經

黃帝地母經

太歲己亥年，人民多橫起，秋冬草木焦，春夏少殃時
豆麥熟燕吳，桑麻淮魯死，葉少天蟲多，蠶娘面無喜
稼穡不值錢，倉囤缺糧米。

地母經曰：

歲逢己亥初，貧富少糧儲
蠶娘相對泣，採葉扳空枝
更看春秋裡，蜂蝶滿村飛

黃帝地母經，也稱為「地母經」，地母至尊之神格，相當於天公神祇，民間遂以「皇天后土」相稱，為道教神尊「四御」中之第四位天帝，全稱為「承天效法厚德、光大后土皇地祇」，與玉皇上帝平起平坐。

地母經係先人累積經驗，體會流年變化，根據每年的干支，預測當年的

天道與人事的損益，按六十甲子的順序，將之寫成詩詞，每六十年重覆一次。其地母經給我們的意義不在於準確或靈驗，而在於我們是否瞭解其趨吉避凶之道，茲將六十年地母經占分野所屬年歲豐歉歌以順序詳列如下：

甲子年

水淹損田疇，蠶姑雖則喜，耕夫不免愁，桑柘無人採，高低禾稻收，春夏多浸淹，秋冬少滴流，吳（江南）楚（江西、湖廣）桑麻好，燕（直北）齊禾穗稠，陸種無成實，鼠雀共啾啾。

地母曰 少種空心草（油、麻），多種老婆顏（豆類）。白鶴土中渴（禾苗），黃龍（麥）水底眠。雖然桑葉茂，綢絹不成錢。

乙丑年

春瘟害萬民，遍商於魯（山東）楚，多損魏（河南）燕人，高田宜早種，晚禾成八分，蠶娘爭鬧走，枝葉亂紛紛，漁父沿山釣，流郎陌上巡，牛羊多障死，春夏米如珍。

地母曰 水牯田頭臥（油、麻），犢子水中眠（豆類）。桑葉初生貴，三伏不成錢（後賤）。有人解言語，種植倍收金。

丙寅年

蟲獸沿林走，疾疫多憂煎，父子居山藪，牛羊宿高荒，蝦魚入庭牖，燕（直北）魏（河南）桑麻貴，揚（淮揚）楚（江西、湖廣）禾稻有。

地母曰 桑葉初賤不成錢，蠶娘無分枉自煎。魚行人道豆麻少，晚禾焦枯多不全。貧兒乏糧相對泣，只愁米穀貴當年。

丁卯年

猶未得時豐，春來多雨水，旱涸在秋冬，農夫相對泣，耕種枉施工，魯（山東）魏（河南）桑麻實，梁（開封）宋（歸德）麥苗空。

地母曰 桑葉不值錢，種禾秋有厄。低田多不收，高田還可得。宜下空心草（油、麻），黃龍滿（麥）山陌。

戊辰年

禾苗蟲橫起，人民多疾病，六畜災傷死，龍頭出角年，水旱傷淮楚，低田莫種多，秋季憂洪水，桑葉無定價，蠶娘空自喜，豆麥秀山岡，結實無多子。

地母曰　龍尾禾半熟，蛇頭喜得全。流郎夏中少，豆麥滿山川。蠶蟲三眠起，桑葉不值錢。

己巳年

魚游在路衢，乘船登隴陌，龜鼈入溝渠，春夏多淹浸，揚（淮揚）楚及胡蘇，旱禾宜闊種，一顆倍千株，蠶娘哭蠶少，桑葉貴如珠。

地母曰　歲裏逢蛇出，人民賀太平。桑麻吳地熟，豆麥越淮青。多種天仙草（禾），秋冬倉廩盈。雖然多雨水，黎庶盡欣歡。

庚午年

春蠶多災厲，洪饒水旱傷，荊（江西）楚（江西、湖廣）少穀米，桑葉貴如金，蠶娘空作計，春夏流郎歸，秋苗還自墜，旱禾與晚收，不穀了官稅。

地母曰　白鶴田中渴，黃龍隴上臥。蠶婦攜筐走，求葉淚滔滔。春夏少雨水，秋冬地少泉。有人會我意，儹候在其年。

辛未年

高下盡可憐，江東豆麥秀，魏（河南）楚（江西、湖廣）少流泉，桑葉初還貴，向後不成錢，國土無災難，人民須感天。

地母曰 玉女衣裳秀（禾），青牛陌上黃（油、麻）。從今兩三載，貧富總成倉。有人識此語，種植足飯糧。

壬申年

春秋多浸溺，高下地無偏，中夏甘泉少，豆麥岐邊秀，桑葉稍成錢，耕夫與蠶婦，相見勿憂煎。

地母曰 白鶴土中秀，水枯半山青（油、麻）。高低皆得稔，地土喜安寧。三冬足嚴凍，六畜有傷刑。

癸酉年

人民亦快活，雨水在三春，陰凍花無實，蠶娘提筐走，爭忙蠶桑葉，蝴蝶飛高隴，耕夫愁未割。

地母曰 春夏人厭雨，秋冬混魚鱉。早禾收得全，晚禾半活滅。絲綿價例高，種植多耗折。燕宋少桑麻，齊吳豐豆麥。禾稾物增高，麥稻勿增加，風強主盜賊。

甲戌年

五穀有蝗蟲，吳浙民勞疫，淮楚（江西、湖廣）糧儲空，蠶婦提籃走，田夫枉用工，早禾雖即好，晚禾一半空，春夏多淹浸，秋深滴不通，多種青牛草（油、麻），少植白頭翁（柏），六畜冬多瘴，又恐犯奸凶。

地母曰 春來桑葉貴，秋至米糧高。農田尤得半，一半是蓬篙。

乙亥年

高下總無偏，淮楚憂水潦，燕吳禾麥全，九夏甘泉竭，三秋橫衢通船，蠶娘吃青飯（蚕菜），桑葉淚漣漣，絲綿各處貴，麻麥不成錢，六畜多瘴疾，人民少橫纏。

地母曰 蠶娘眉不展，攜筐討葉忙。更看五六月，相望哭流郎。

丙子年

春秋多雨水，桑葉無人要，青女多淹毀（秧），黃龍土內盤，化成蝴蝶起，高田半成實，低下禾後喜，魯衛多炎熱，齊楚吳穀美。

地母曰 田禾憂鼠耗，豆麥半中收。蠶娘空房坐，前喜後還愁。絲綿綢絹貴，稅賦急啾啾。

丁丑年

高下物得收，桑葉初還賤，蠶娘未免愁，春夏多淹沒，鯉魚庭際游，燕宋生炎熱，秦吳沙漠浮，黃牛（麥）岡際臥，青女（秧）逐波流，六畜多瘴難，家家無一硫。

地母曰 少種黃蜂子（麥），多下白頭翁（柏）。農夫相賀喜，盡道歲年豐。

戊寅年

高下禾苗好，桑葉枝頭空，養蠶爭鬥走，吳處值麥多，齊燕米穀少，三春流郎歸，九秋多苗草，百物價例高，經商相懊惱。

地母曰 虎狼行村鄉，人民皆被傷。冬冷嚴霜雪，災疾起妖狂。早取田家女，莫見犯風寒。

己卯年

犛民多快活，春來雨水多，種植還逢渴，夏多雨秋足，家家遭淹沒，蠶娘沿路行，無葉供蠶箔，黃龍（麥）山隴臥，逡巡化蝴蝶，禾稻秋來秀，農家早收割，淮魯人多疾，吳楚桑麻活。

地母曰 春中溪澗渴，秋苗入土焦。蠶姑望天泣，桑葉樹飄下。黃黍不成粒，六畜多瘟妖。三秋多淹沒，九夏白波漂。

庚辰年

燕衛災殃起，六畜盡遭傷，田禾蝗蟲起，春夏地竭泉，秋冬豐實子，桑葉賤如土，蠶娘哭少絲。

地母曰 少種豆，少種米。家家皆得收，處處總相似。春夏少滴流，秋冬飽雨水。農務急如箭，莫待冰凍起。

辛巳年

鯉魚庭際逢，高田猶可望，低下枉施勤，桑葉初來賤，末後蠶貴龍，蠶娘相對泣，筐箱一半空，燕楚麥苗秀，趙齊禾稻豐，六畜多瘴氣，人民瘧疾重。

地母曰 蠶娘未為歡，果貴大錢快。車頭千萬兩，縱子得輸官。

壬午年

水旱不調勻，高田雖可望，低下枉施勤，蠶葉家家秀，蠶娘多喜欣，蠶娘皆望葉，及早莫因循。

地母曰 吳楚好蠶麥，魯魏分多災。多下空心草（油、麻），少種老婆顏（豆類）。桑葉後來貴，天蟲及早催。晚禾縱淹浸，耕夫不用哀。

癸未年

高下盡可憐，一井百家共，春夏少甘泉，燕趙豆麥秀，齊吳多偏頗，天蟲倍常歲，討葉怨蒼天，六種宜成早，青女（秧）得貌先（秋收）。

地母曰 歲若逢癸未，田蠶多稱意。青牛（油、麻）山上秀，一子倍盈穗。更看三秋後，產滿閒田地。

甲申年

高低實可憂，春來雨不足，秋夏沓無流，早禾枯焦死，秋後無雨水，魯衛生瘟瘴，燕齊粒不收，桑葉前後貴，蠶娘不用愁。

地母曰

歲逢甲申裏，早枯切須防。高低苗不秀，相看意彷徨。舟船空下載，仰面哭流郎。

乙酉年

雨水不調勻，早晚雖收半，田夫亦辛苦，燕魯桑麻好，荊吳麥豆青，蠶娘雖足葉，簇上白如銀，三冬雪嚴凍，淹沒浸車輪。

地母曰

田蠶半豐足，種作不宜遲。空心多結子（油、麻），禾稻恐蝗飛。看蠶娘賀喜，抽繭勝銀絲。

丙戌年

夏秋無甘泉，春秋多淹沒，耕鋤莫怨天，早禾宜早下，晚稻旱留連，揚益桑麻乏，吳齊最可憐，桑葉初生賤，蠶老卻成錢。

地母曰

歲臨於丙戌，高下皆無失。豆麥穿土長，在長得成實。六畜多瘴侵，人民有災疾。

丁亥年

高低盡得通，吳越桑麻好，秦淮豆苗豐，三冬足雨水，九夏永無蹤，桑葉前後貴，簇井不施工。

地母曰 夏種逢秋渴，秋成得八分。人民多瘧疫，六畜盡遭迍。蠶娘空自喜，蠶多繭不成。

戊子年

疾橫相侵奪，吳楚多災瘴，燕齊民快活，種植高下偏，鼠耗不成割，春夏淹沒場，秋冬土龍渴，桑葉頭尾貴，簇簇如霜雪。

地母曰 歲中逢戊子，人飢災橫死。玉女土中成（稻），無人收拾汝。若得見三冬，瘟癀方始起。

己丑年

高低得成穗，燕魯遭刀兵，趙衛奸妖起，春夏豆麥豐，秋多苗穀媚，玉女（禾）田中臥，耕夫多種睡（病），桑葉自青青，蠶娘少相會。

地母曰 歲名值破田，人病不安然。但到秋收後，早晚得團圓。金玉滿街道，羅綺不成錢。

庚寅年

人物事風流，麻麥雖然秀，禾苗多損憂，燕宋多淹沒，梁吳兵禍侵，桑葉初生賤，後貴何處求，田蠶如金價，桑葉好搔抽。

地母曰 虎年高下熟，水旱又當頭。黃牛耕玉出（麥），青牛（油、麻）臥隴前。稼穡經霜旱，田家哭淚連。更看來春後，人民相逼煎。

辛卯年

高下甚辛勤，麻麥逢淹沒，禾苗早得榮，秦淮受飢餒，吳燕旱涸頻，桑柘不生葉，蠶姑說苦辛，天蟲少成災，絲綿換金銀，強徒多瘴疫，善者少災迍。

地母曰 玉兔出年頭，處處桑麻好。早禾大半收，晚稻九分好。穀米稼穡高，漸漸相煎討。要看龍頭來，耕夫少煩惱。

壬辰年

高下恐遭傷，春夏蛟龍鬥，秋冬即集藏，豆麥無成實，桑麻五穀康，齊魯絕炎熱，荊吳好田桑，蠶子延筐臥，哭泣問蠶娘，見繭絲綿少，租稅急恓惶。

地母曰 是歲號壬辰，蠶娘空度春。禾苗多有損，田家又虛驚。祈保收成日，卻得六分成。

癸巳年

農民半憂色，豐歉各有方，封疆多種穀，楚地甚炎熱，荊吳無災厄，桑柘葉苗秀，天蟲繭如雪，粟麥有偏頗，晚禾半收得。

地母曰 蛇頭為歲號，陸種有虛耗。秋成五六分，老幼生煩惱。三冬足冰雪，晚禾宜及早。

甲午年

人民不用憂，禾麥皆榮秀，高田全得收，吳越多風雹，荊襄井涓流，蠶娘爭競走，哭葉鬧啾啾，蠶老多成繭，何須更盡憂。

地母曰 蛇去馬將來，稻麥喜成堆。人民絕災厄，牛羊亦少災。識侯豐年裏，耕夫不用猜。

乙未年

五穀皆成穗，燕魏少田桑，吳魏偏益豐，春夏足漂流，秋冬多旱地，桑葉初生賤，晚蠶還值貴，人民雖無災，六畜有瘴氣，六種不宜晚，收拾無成置。

地母曰 歲逢羊頭出，高下皆無失。葉貴好蠶桑，斤斤皆有實。

丙申年

高下浪濤洪，春夏遭淹凶，秋冬杳不通，早禾雖得割，晚稻枉施工，燕宋好豆麥，秦淮桑米空，天蟲相趁走，蠶婦哭天公，六畜多災氣，人民卒暴終。

地母曰 歲首逢丙申，桑田亦主迍。分野須當看，節候助黎民。

丁酉年

高低徒種植，春夏遭淹沒，秋冬少流滴，吳楚足咨嗟，荊揚虛嘆息，桑柘葉茂盛，天蟲半中失，筐箱少絲綿，蠶娘無喜色。

地母曰 歲逢見丁酉，蠶葉多偏頗。豆麥有些些，禾苗高下可。六畜瘴氣多，五穀不成顆。

戊戌年

耕夫漸漸愁，高下多偏頗，雨水在春秋，燕宋豆麥熟，齊吳禾成收，桑葉初生賤，蠶娘未免憂，牛羊逢瘴氣，百物主漂遊。

地母曰 戊戌憂災咎，耕夫不足歡。早禾雖即稔，晚稻不能全。一晴兼一雨，三冬多雪寒。

己亥年

人民多橫起，秋冬草木焦，春夏少秧蒔，豆麥熟燕吳，桑麻淮魯死，葉落天蟲多，蠶娘面無喜，稼穡不值錢，食囤無糧米。

地母曰 歲逢已亥初，貧富少糧儲。蠶娘相對泣，採桑扳空枝。更看春秋裏，蝴蜨（蝗）滿村飛。

庚子年

人民多暴卒，春夏水淹流，秋冬多肌渴，高田猶得半，晚稻無可割，秦淮足流蕩，吳越多劫奪，桑葉雖後見，蠶娘情不悅，見蠶不見絲，徒勞用心切。

辛丑年

地母曰　鼠耗出頭年，高低多偏頗。更看三冬裏，山頭起暮烟。疾病稍紛紛，吳越桑麻好，荊楚米麥臻，春夏均甘雨，秋冬得十分，桑葉樹頭秀，桑姑喜自忻，人民漸漸息，六畜瘴逡巡。

地母曰　辛丑牛為首，高低好種田。人民多疾惡，快活好桑田。

壬寅年

高下盡得豐，春夏水甘潤，秋冬處處通，蠶桑熟吳地，穀麥空江冬，桑葉不堪貴，蠶絲卻半豐，更看三秋裏，禾稻穗重重，人民雖富榮，六畜盡遭凶。

地母曰　虎首值歲頭，處處好田疇。桑柘葉不貴，蠶娘免憂愁。禾黍多成實，耕夫不用憂。

癸卯年

高低半憂喜，春夏雨雹多，秋來缺雨水，燕趙好桑麻，吳地禾稻美，人民多疾病，六處瘴煙起，桑葉枝上空，蠶蟲無可食，蠶婦走忙忙，提籃相對泣，雖得多綿絲，費盡人心力。

地母曰 癸卯兔頭豐，高低禾麥濃。耕夫皆勤種，貯積在三冬。桑葉雖然貴，絲綿卻已豐。

甲辰年

稻麻一半空，春夏遭淹沒，秋冬流不通，魯地桑蠶好，吳邦穀不豐，桑葉末後貴，相賀好天蟲，估賣價例貴，雪凍在三冬。

地母曰 龍頭屬甲辰，高低共五分。豆麥無成實，六畜亦遭迍。更看冬至後，霜雪盛紛紛。

乙巳年

高下禾苗翠，春夏多漂流，秋冬五穀豐，豆麥美燕齊，桑柘損吳楚，天蟲筐內走，蠶娘哭葉貴，絲綿不上秤，疋帛價無對。

地母曰 蛇頭值歲初，穀食有盈餘。早禾莫令晚，蠶亦莫令遲。夏裏麥禾秀，三冬成實肥。

丙午年

春夏多洪水，魯魏多疫災，穀熟益江東，種值宜高地，低田遭水衝，天蟲見絲少，桑柘賤成籠，六畜多瘟疫，人民少卒終。

地母曰　馬首值其歲，豐稔好田桑。春夏須防備，種植怕流蕩。豆麥並麻粟，偏好宜高崗。

丁未年

枯焦秋後稿，早禾稔會稽，晚禾豐吳越，宜下黃龍苗（麥），不益空心草（油、麻），桑葉前後貴，天蟲見絲少，春夏雨水調，秋來憂失稻，是物稼穡高，絲綿何處討。

地母曰　若遇逢羊歲，高低中半收。瘴煙防六畜，庶民也須憂。

戊申年

豐富人煙美，燕楚足田桑，齊吳熟穀子，黃龍土中臥，化作湖蝶起，種植莫教低，結實遭洪水，桑葉枝頭空，蠶娘徒自喜。

地母曰　高下宜偏早，遲晚見流郎。豆麥無成實，淹沒盡遭傷。更看三冬裡，蝴蝶得成養。

己酉年

高低一般般，魯衛豐豆麥，淮吳好水田，桑柘空留葉，天蟲足偏頗，蠶娘相怨惱，得繭少絲綿，六種植宜早，收成得十全。

地母曰

酉歲好桑麻，豆麥益家家。百物長高價，民物有生涯。春夏遭淹沒，三冬雪結花。

庚戌年

瘴疫害黎民，禾麻吳地好，麥稔在荆秦，春夏漂流沒，秋冬被水浸，桑柘葉雖貴，天蟲成十分，田夫與蠶婦，相見喜欣欣。

地母曰

歲逢庚戌首，四方民物寬。高下田桑好，麻麥豆苗蔓。收成多雨雪，種植莫犯寒。

辛亥年

耕夫多快活，春夏雨調勻，秋冬好收割，燕淮無瘴疾，魯衛不飢渴，桑葉前後貴，蠶娘多喜悅，種植宜山坡，禾苗得盈結。

地母曰

豬首出歲中，高下好施工。蠶婦與耕夫，爭不荷天公。六畜春多瘴，積薪供過冬。

壬子年

旱涸耕夫苦，早禾一半空，秋後無甘雨，豆麥熟齊吳，飢荒及燕魯，桑柘貴中賣，絲棉滿箱貯，百物無定價，一物五商估。

地母曰

鼠頭出值年，夏秋多甘泉。麻麥不宜晚，田蠶切向前。更憂三秋裏，瘧疾起纏延。

癸丑年

人民多憂煎，淮吳主枯涸，燕宋定流連，黃龍與青牯，價利覓高錢，桑柘葉高貴，蠶娘愁不眠，禾苗多蝗蟲，收成苦不全。

地母曰

歲號牛為首，田桑五分收。甘泉時或闕，淹沒在三冬。六畜遭瘴厄，耕犛枉費工。

甲寅年

早晚不全收，春夏遭淹沒，調釋在秋冬，虎豹巡村野，人民不自由，魯衛多炎熱，秦吳麥豆熟，桑柘前後貴，得半勿早抽。

地母曰 歲虎民不泰，耕種枉施工。桑柘葉難多，又是少天蟲。五穀價初高，後來亦中庸。

乙卯年

五穀有盈餘，秦燕麥豆好，吳越足儲糧，春夏水均調，秋冬鯉入閣，天蠶雖好，桑葉樹頭無，蠶娘相對泣，得繭少成絲。

地母曰 歲中逢乙卯，高下好田蠶。豆麥山山熟，禾糧處處康。

丙辰年

春來雨水決，豆麥豐齊燕，田蠶好吳越，牛犢瘴煙生，亦兼多癘疫，桑葉數頭多，蠶絲白如雪，夏秋無滴流，深冬足淹沒。

地母曰 龍來歲為首，淹沒應須有。豆麥宜早種，晚隨波流走。

丁巳年

豐熟民多害，魯衛豆麥少，秦宋桑麻多，高低種得成，種植無妨礙，桑葉前後空，天蟲好十倍，春夏遭淹沒，偏益秋冬在。

地母曰 蛇首直歲中，耕夫宜田工。種蒔須及早，宜多下麥青。黃龍搬不盡，青牯莫教過。蠶娘雖得葉，還得秤頭絲。

戊午年

高低一半空，楊楚遭淹沒，荆吳足暴風，豆麥宜低下，稻麥得全功，桑葉從生賤，蠶老貴絲從，蠶娘車畔美，絲綿倍常年。

地母曰 喜逢今歲裏，蠶桑無偏頗。種植宜於早，美侯見秋前。雖然夏旱涸，低下得收全。

己未年

種植家家秀，燕魏熟田桑，吳楚糧儲有，春夏劉郎歸，鯉魚入庭牖，桑葉應是賤，田事宜豆麥，稻穀結實多，宜在三秋後。

地母曰 是歲值羊首，高低民物歡。稼穡多商估，來往足交關。農夫早種作，莫候北風寒。三秋多淹沒，九夏白波漂。

庚申年

高下喜無偏，燕桑宋田好，淮吳米麥全，六畜多災瘴，人民少横疫，桑葉初生賤，去後又成錢，更看三陽後，秋葉偏相連。

地母曰

年若遇庚申，四方民物新。耕夫與蠶娘，歡笑喜欣欣。秋來有淹沒，收割莫因循。

辛酉年

高低禾不美，齊魯多遭傷，秦吳六畜死，秋冬井無泉，春夏溝有水，豆麥山頭黃，耕夫挑不起，蠶娘提筐泣，葉貴蠶飢餒，種植宜及早，遲晚恐失利。

地母曰

酉年民多瘴，田蠶七分收。豆麥高處好，低下恐難留。

壬戌年

高低半可憂，秦吳遭沒溺，梁宋豆麻豐，葉賤天蟲少，秧漂苗不稠，雨水饒深夏，旱涸在高秋，六畜遭災瘴，田家少得牛。

地母曰

歲下逢壬戌，耕種宜麥粟。低下慮用工，漂流無一切。春夏災瘴起，六畜多災疫。

癸亥年

家家樂歲豐，春夏亦多水，豆麥主漂蓬，種蒔宜及早，晚春不成工，吳地桑葉貴，江越少天蟲，禾麻還結實，旱涸忌秋中。

地母曰 歲逢六甲未，人民亦得安。田桑七成熟，賦稅喜皇寬。豆麥宜高處，封疆絕盜奸。割禾須及早，莫待極寒天。

由黃帝地母經，可知老祖宗編排農民曆時，原為大陸型氣候所編制，其水災、旱災預測，於長江三峽大壩完成後，也有所改善，在蟲害部分因農藥發明，時代進步，也多有預防及解決之道，故在臺灣地區地母經僅僅參考用。

九、春牛芒神

春牛就是土牛，乃是土製的牛，古時候於立春前製造土牛，好讓文武百官在立春祭典中以綵杖鞭策它，以勸農耕，同時象徵春耕的開始。

民國一〇八年農民曆，春牛芒神服色欄記述：

春牛身高四尺，身長八尺，尾長一尺二寸。牛頭色黃，牛身黑色，牛腹青色，牛角、耳、尾、黑色，牛脛白色，牛蹄白色，牛尾右繳，牛口合，牛籠頭拘繩用桑拓木，麻繩結黃色，牛踏板用縣門右扇。

芒神身高三尺六寸五分，面如老人像，紅衣黑腰帶，平梳兩髻於耳前，罨耳用左手提，行纏鞋褲俱全，左行纏懸於腰，鞭杖用柳枝長兩尺四寸，五彩醮染用麻結，芒神並立於牛右邊。

芒神

春牛圖裡的牧童，也為句芒神，句芒，本是古代主管植物草本的官，又因以木為神；因為木在初生的時候，句屈而有芒角，所以稱為句芒，相傳古代每年的芒神和春牛的形式，服色，圖樣，均由管理天文的欽天監去推算，塑造出來的，在立春的日子做為迎春大典時應用。

造春牛

以冬至過後逢第一個辰日，於歲德之方，取土、水、木，成造以桑拓木為胎骨，春牛身高四尺，身長八尺，象四時（春、夏、秋、冬）與八節（四立：立春、立夏、立秋、立冬，及二分：春分、秋分，二至：夏至、冬至），尾長一尺二寸象年之十二月或云象日之十二時辰。

春牛

春牛身高四尺，身長八尺，尾長一尺二寸。

牛頭色黃（民國一〇八年歲次己亥）

視年干五行而定

甲乙 木 年 色青　丙丁 火 年 色紅　戊己 土 年 色黃

庚辛 金 年 色白　壬癸 水 年 色黑

牛身黑色（民國一〇八年歲次己亥）

視年支五行而定

亥子 水 年 色黑　寅卯 木 年 色青　巳午 火 年 色紅

申酉 金 年 色白　辰戌丑未 土 年 色黃

牛腹青色（民國一〇八年歲次己亥）

（視年支納音五行而定，民國一〇八年為己亥年，查納音五行己亥平地木故為青色）

牛角耳尾黑色

（視立春日天干五行而定，民國一〇八年立春日逢壬申日）

（北方壬癸水屬黑）

牛脛白色

（視立春日地支五行而定，民國一〇八年立春日逢壬申日）

（西方庚申金屬白）

牛蹄白色

（視立春日支納音五行而定，民國一〇八年立春日為壬申日，查納音五行壬申癸酉劍鋒金故為白）

牛尾右繳

（視年之陰陽而定，逢陽年左繳，陰年右繳，民國一〇八年為己亥年為陰年故向右）

牛口合

（視年之陰陽而定，陽年口開，陰年口合）

牛籠頭拘繩用桑拓木　麻繩結黃色：

（牛籠頭拘繩視立春日支與干而定

寅、申、巳、亥日　用麻繩　子、午、卯、酉日　用苧繩

辰、戌、丑、未日　用絲繩

【拘子俱用桑拓木】

甲乙日　用白色　丙丁日　用黑色　戊己日　用青色

庚辛日　用紅色　壬癸日　用黃色

（民國一〇八年立春日逢壬申日，故申日用麻繩，壬日用黃色）

牛踏板用縣門右扇

（視年之陰陽而定，逢陽年用左扇，陰年右扇，

民國一〇八年己亥年為陰年故用右扇）

芒神身高三尺六寸五分

象徵三百六十五日

面如老人

（視年支而定

寅、申、巳、亥　面如老人　子、午、卯、酉　面如少壯

辰、戌、丑、未　面如童子）

（民國一〇八年己亥年，故用面如老人）

紅衣黑腰帶

（視立春日支而定

亥、子、日　黃衣青腰帶　寅、卯、日　白衣紅腰帶

巳、午、日　黑衣黃腰帶　申、酉、日　紅衣黑腰帶

辰、戌、丑、未　青衣白腰帶）

（民國一〇八年立春日為壬申日，申日故用紅衣黑腰帶）

平梳兩髻於耳前

（髻者，將頭髮挽起，盤於頭上）

（視立春日納音五行而定

金日：平梳兩髻在耳前　木日：平梳兩髻在耳後
水日：平梳兩髻，右髻於耳後，左髻於耳前
火日：右髻於耳前，左髻於耳後　土日：平梳兩髻在頂上
（民國一〇八年立春日為壬申日，查納音五行壬申癸酉劍鋒金故為金日，用平梳兩髻在耳前）

罨耳用左手提（罨耳為耳罩）

（視立春日時支而定
子丑　時：全戴揭起左邊　亥　時：全戴揭起右邊
卯巳未酉　時：用右手提　辰午申戌　時：用左手提）
（民國一〇八年立春日為壬申日，午時「上午十一時十四分」交立春，故用左手提）

行纏鞋褲俱全（行纏指綁腿布）

左行纏懸於腰

（視立春日納音五行而定
金日：行纏鞋褲俱全，左行纏懸於腰　木日：行纏鞋褲俱全，右行纏懸於腰
水日：行纏鞋褲俱全　火日：行纏鞋褲俱無　土日：著褲無行纏鞋子）
（民國一〇八年立春日為壬申日，查納音五行壬申癸酉劍鋒金故為金日，金日故用行纏鞋褲俱全，左行纏懸於腰）

鞭杖用柳枝長兩尺四寸（象徵二十四節氣）

五彩醮染用苧結

（鞭結材質視立春日支而定

寅、申、巳、亥日：用麻結　子、午、卯、酉日：用苧結

辰、戌、丑、未日：用絲結）

（民國一〇八年立春日逢壬申日，故申日用麻結）

芒神並立於牛右邊

（芒神與牛位置　陽年立於牛左側　陰年立於牛右側）

立春距正旦五日前後，芒神與春牛並立

立春距正旦前五日外，芒神早忙立於牛前邊

立春距正旦後五日外，芒神晚閒立於牛後邊

（民國一〇八年為己亥年，屬陰年，故立於牛右側，民國一〇八年立春日為一〇七年十二月三十日中午交立春，立春距正旦五日前後，芒神與春牛並）

春牛圖在中國人們心目中也寓意著豐收的希望、幸福的憧憬，以及對風調雨順的祈求。它是中國民間最常見的吉祥圖案，也是千百年來一直為人們喜聞樂見、長盛不衰的繪畫內容。

十、土王用事

土王用事

三月十三甲申日
六月十八戊午日
九月廿三辛卯日
十二月廿四庚申日

太歲謝君 己亥年
管局逢巳日房宿爲 暗金伏斷 歲德甲合己 宜修造取土

農曆新春開門焚香啓行表

子時 日祿 大進 司命 路空
丑時 三合 武曲 勾陳 路空
寅時 青龍 功曹 天賊 左輔
卯時 日時 相冲 大凶 勿用
辰時 喜神 天官 六合 天兵
巳時 羅紋 交貴 三合 大退
午時 金匱 太陰 六戊 雷兵
未時 天德 寶光 唐符 不遇
申時 國印 白虎 狗食 地兵
酉時 日建 玉堂 貪狼 日刑
戌時 右弼 官貴 天牢 路空
亥時 左輔 帝旺 元武 路空

己亥年太歲謝太星君

※開門焚香宜取辰時巳時吉。出門宜向東南方喜神方啓行大吉。關門宜取酉時吉。

祝您闔家平安，萬事如意。

運氣

己亥年厥陰風木司天，少陽相火在泉，火勝金衰，皇極屬水，爲卑濫之紀，歲土不及，風氣盛行其于土，宮音爲虛

農曆新春出行出國吉日

初一癸酉日 初三乙亥日 初四丙子日 初十壬午日 十一癸未日 十三乙酉日 十五丁亥日 十六戊子日 十九辛卯日 二十壬辰日 廿二甲午日

農曆新春開市營商開工吉日

初一癸酉日 初四丙子日 初六戊寅日 初十壬午日 十三乙酉日 十六戊子日 廿二甲午日 廿八庚子日

農曆新春掃墓祭祀吉日

初五丁丑日 初七己卯日 初十壬午日 十一癸未日 十三乙酉日 十七己丑日 十九辛卯日 廿三乙未日 廿五丁酉日 廿九辛丑日

天赦吉日

正月初六戊寅日 三月初七戊寅日 五月廿四甲午日 八月初十戊申日 十月十一戊申日 十一月廿七甲子日 十二月廿八甲子日

土王用事

三月十三甲申日 六月十八戊午日 九月廿三辛卯日 十二月廿四庚申日

歲時紀事

五牛耕地 八龍治水 九日得辛 大姑把蠶 蠶食十葉

社日

春社二月十六戊午日 秋社八月二十戊午日

三伏日

初伏六月初十庚戌日 中伏六月二十庚申日 末伏七月十一庚辰日

霉雨液雨

入霉五月初六丙子日 出霉六月初七丁未日 入液十月廿一戊午日 出液十月廿六癸亥日

「土王」就是土旺，土旺於四季之末，從四立（立春、立夏、立秋、立冬）開始，各上推十八日，就是土王用事之日，人們忌動土，是尊崇大自然之意，故於農民曆上特別標示「土王用事」之日。

十一、天赦吉日

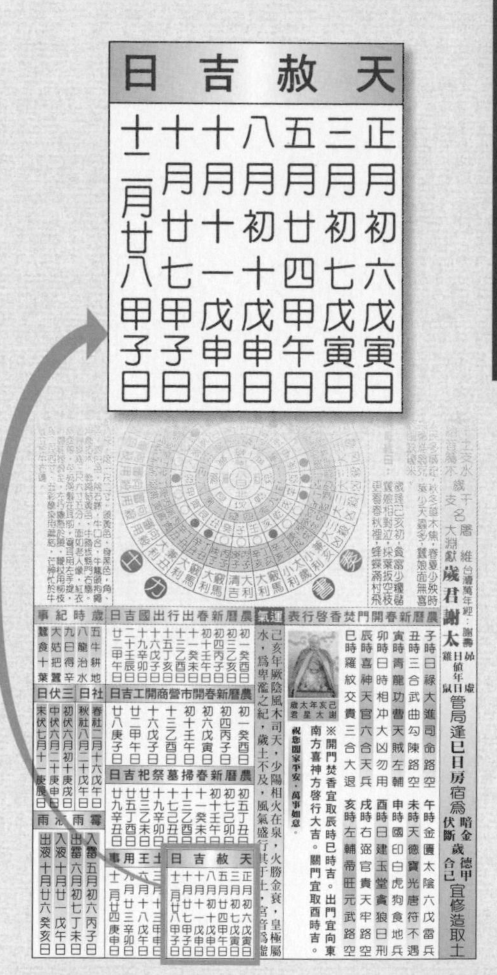

「天赦」，故名思義就是赦過有罪之辰也，天之生育甲與戊，地之成立子、午、寅、申，故以甲戊配成天赦。天赦日：春在戊寅日，夏在甲午日，秋在戊申日，冬在甲子日，本日可緩刑獄、雪冤枉、動土興造，入宅、修倉、嫁娶、上任、求醫、破土安葬、解除、開市。所以於農民曆上特別標示「天赦吉日」之日。

十二、春社三伏日

社日	三伏日
春社二月十六戊午日	初伏六月初十庚戌日
秋社八月二十戊午日	中伏六月二十庚申日
	末伏七月十一庚辰日

社日

春（秋）社日為古代祭祀社神的日子，一般用戊日，為立春後第五個戊日為春社日，立秋後第五個戊日為秋社日，大約其春社或秋社日都在春分及秋分前後，春社日祈求上天有個好年冬，秋收後謝天賜福給予稻穀豐收。

伏日

其實，在二十四節氣的小暑到立秋之間，是一年中最炎熱，陽氣最旺的時候，人稱之為「伏夏」，又名「三伏天」。三伏日為夏至後第三個庚日為「初伏」，第四個庚日為「中伏」，立秋後第一個庚日為「末伏」。

民間常說「最熱三伏天」，據說在三伏日裡，「頭伏餃子、二伏麵、三伏烙餅攤雞蛋」，藉著滾燙的麵餅，排出一身大汗，來消除體內毒素，以及整腸清胃；這種以吃熱燙的烙餅，來大量出汗的方式，成為古人在夏日裡的保健方法之一，說起來，此種加強新陳代謝的方式，其實還滿科學的。

十三、入霉、出霉

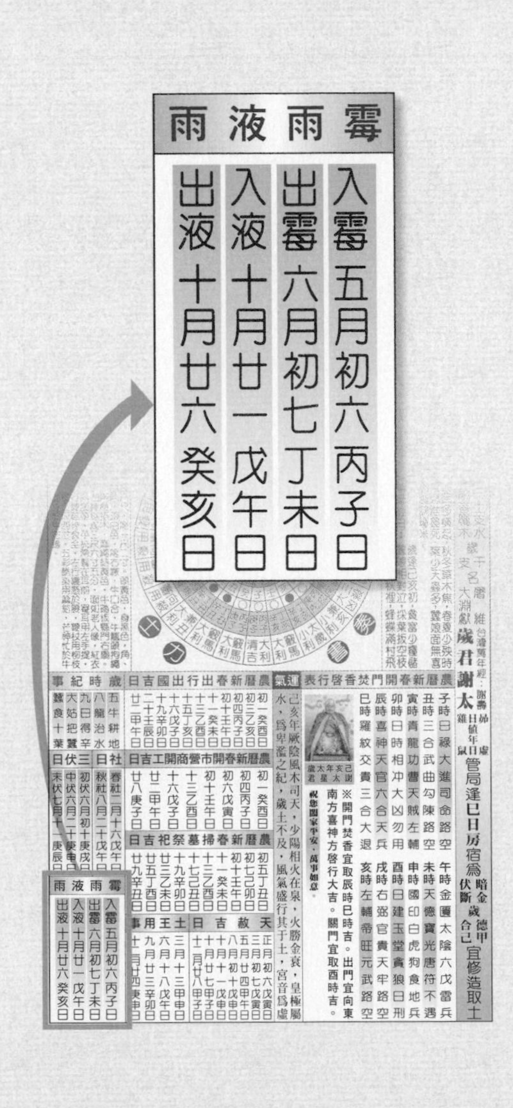

霉指霉雨或梅雨，即所謂（梅雨季節），因中國江南地區梅子成熟時，常常陰雨綿綿，故也稱梅雨，因久未見陽光故物常因潮濕生菌而變質（長霉菌），故為「霉」，霉雨之期為芒種後第一個丙日為入霉，出霉為小暑後第一個未日為出霉。

十四、入液、出液

舊時謂立冬後第十天為入液。液，指雨水。明．李時珍《本草綱目．水部．雨水》：「立冬後十日為入液，至小雪為出液。得雨謂之液雨，亦曰藥雨。」此時期所得之雨水，亦稱「無根水」。

在農民曆這一頁，不同版本編排方式或許不一，但土王用事關係著人民的需求，動土通常為新建建築而動，庶民總是希望建築物能歷經數百年而不衰，人忌動土，是尊崇大自然之意，順天意而行，天赦吉日是上天赦過有罪之時辰，那麼重要的日子，當然要在本頁特別整理出來，農民感謝上蒼，春耕與秋收這兩件大事，當然要舉行祭典或慶典，在春社日祈求上天有個好年冬，在秋社日秋收後謝天賜福給予稻穀豐收。一年中最炎熱，陽氣最旺的時候，人稱之為「伏夏」，又名「三伏天」。為此春社三伏日當然要特別標註，梅雨悠關著植物的生長，液雨為藥引，這些重要的時程當然在屬於庶民的農民曆中，必然在開頭就要編著。

十五、歲時記事

記事為歲時記事，歲時記事是指老祖先教導我們如何記憶今年的每日干支排列的一種方法，其實因古代印刷費工，加上紙張取得不易，日期常需用推算之故，但今之社會富裕，日曆取得容易，所以用翻閱的比較快，但大部份「農民曆」皆有記事一欄，故將其「記事」欄解釋一番。

民國一〇八年「農民曆」記事欄內記載：「**大姑把蠶。蠶食十葉。九日得辛。五牛耕地。八龍治水**」。

牛耕地
指春節（農曆一月一日）（正月初※日）後見日地支為「丑日」則得之。（丑指牛）。
民國一〇八年正月初五為丁丑日，故記事欄記：五牛耕地。

龍治水
指春節（農曆一月一日）（正月初※日）後見日地支為「辰日」則得之。（辰指龍，龍能治水是神話傳說，但也增加記憶）。
民國一〇八年正月初八為庚辰日，故記事欄記：八龍治水。

日得辛
指春節（農曆一月一日）（正月初※日）後見日天干為「辛日」則得之。
民國一〇八年正月初九為辛巳日，故記事欄記：九日得辛。

姑把蠶
指當年地支凡逢「四孟」（寅、申、巳、亥）年，稱為一（大）姑把蠶，凡逢「四仲」（子、午、卯、酉）年，稱為二姑把蠶，凡逢「四季」（辰、戌、丑、未）年，稱為三姑把蠶。
民國一〇八年歲次己亥年，故記事欄記：一姑把蠶。

蠶食葉
指春節（農曆一月一日）（正月初※日）後見「木日」則為之。

民國一〇八年正月初十為壬午木日，故記事欄記：蠶食十葉。

古時以農業社會為主，歲年記事大都以農業及養蠶有關，農民看到這些資料便可預知今年雨水、農作物收成如何，養蠶情形如何等等。龍治水：龍越多水越少，根據傳說《幾龍治水》，龍愈多治水，雨水狀況愈不好，要不是龍彼此都懶得去治水，搞得久旱不雨，就是每條龍競相治水，弄得大雨成災。牛耕地：牛越多種植越多，得辛日：辛日越早收成越早，蠶食葉：葉越多蠶越胖，所結成的繭越厚，收入越好，姑把蠶：大姑葉則賤，二姑葉則貴，三姑葉乎貴乎賤。當然與時精進的時代，天氣預報準確性提高，不過要預測一整年狀況還達不到，農民曆在歲時記事中，至少提供一個參考值，至於準確度待讀者自行體會。

十六、焚香啟行

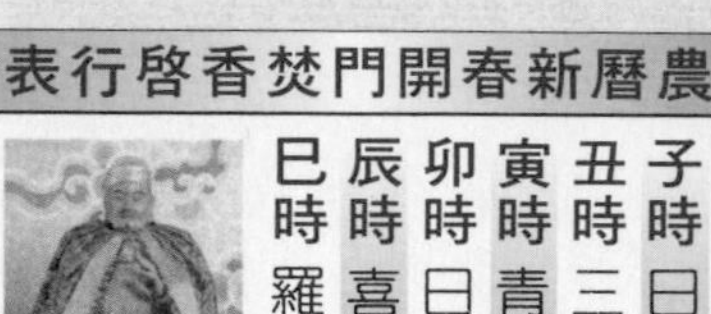

農曆新春開門焚香啓行表

子時	日祿	大進	司命	路空
丑時	三合	武曲	勾陳	路空
寅時	青龍	功曹	天賊	左輔
卯時	日時	相冲	大凶	勿用
辰時	喜神	天官	六合	天兵
巳時	羅紋	交貴	三合	大退
午時	金匱	太陰	六戊	雷兵
未時	天德	寶光	唐符	不遇
申時	國印	白虎	狗食	地兵
酉時	日建	玉堂	貪狼	日刑
戌時	右弼	官貴	天牢	路空
亥時	左輔	帝旺	元武	路空

※開門焚香宜取辰時巳時吉。出門宜向東南方喜神方啓行大吉。關門宜取酉時吉。

己亥年太歲謝太星君

祝您闔家平安，萬事如意。

通常在農民曆第一頁會有一欄「新春（歲首）焚香啓行（開門）」欄位，所謂吉日、吉時，以十二神之吉凶而論，其順序為「青龍、明堂、天刑、朱雀、金匱、寶光（天德）、白虎、玉堂、天牢、玄武、司命、勾陳」。所值之日有吉凶之論，所謂「黃道吉日」為青龍、明堂、金匱、寶光、玉堂、司命。良辰吉日為諸事之選，翻閱《農民曆》所附的「辛卯時日局」對照表，就會看到「子時，日祿大進」、「丑時，三合勾陳黑道」、「寅時，青龍公曹」等等。而這一些司命、勾陳、青龍等，也就是所謂的吉神、凶煞。亦為「良辰」，有吉日再配合良辰，豈不更加吉。

國曆一月（大）卅一日 January 2019

農曆十一月（大）三十日

自十一月三十日夜子至十二月三十日午時為十二月令

月煞東　月宿危

乙丑月（月臘）

豐歉詩：（朔日西風六畜災　棉絲五穀總成堆　最喜大寒無雨雪　下武農夫大發財）

國曆	星期	紀事	農曆	干支	五行	九星	星宿	建除	卦	吉神	卦數	宜忌	每日吉時	每日沖煞年歲	每日胎神占方
1	二	民國一百零捌年元旦　歲德日〔謝安王公祖聖誕〕	十一月廿六	戊戌	木	白八	室	開	離	時陽生氣	1 六	納采問名訂盟提親祭祀祈福裁衣會親友解除修造動土豎柱上樑成除服移柩破土●忌嫁娶入宅	卯巳未酉	煞北沖龍67歲	房床栖房內南
2	三	麒麟日〔董公真仙聖誕〕	廿七	己亥	木	紫九	壁	閉	震	王日福厚	2 二	出行沐浴剃頭合帳裁衣冠笄做樑開柱眼出火拆卸安門移徙入宅安香補垣塞穴。●忌安床安葬	卯午未	煞西沖蛇66歲	占門床房內南
3	四		廿八	庚子	土	白一	奎	建	巽	官日天財	2 九	令牌雷尺敎牛馬。●忌動土破土作灶	丑卯申酉	煞南沖馬65歲	占碓磨房內南
4	五		廿九	辛丑	土	黑二	婁	除	坎	陰德吉期	1 三	嫁娶納采問名訂盟提親祭祀祈福會親友出行裁衣解除豎柱上樑立券交易納財交車●忌作灶安葬	卯午酉	煞東沖羊64歲	廚灶廁房內南
5	六	月德日　探病凶日　夜子時小寒	三十	壬寅	金	碧三	胃	滿	艮	天貴顯星	9 七	【十二月節氣】裁衣冠笄解除安機豎柱上樑安床開市入殮安葬◎節後陰時故不取●忌嫁娶納采	丑辰巳未	煞北沖猴63歲	倉庫爐房內南
6	日	●朔9時28分　獸醫師節◎歲德合日〔五年千歲譚千秋〕	十二月初一	癸卯	金	綠四	昴	滿	坤	天貴季分	8 七	日偏食　台灣可見宜事均不取◎日出食始7時33分◎正午時甚9時41分◎日沒食終11時48分		煞西沖雞62歲	房床門房內南
7	一	鳳凰日	初二	甲辰	火	黃五	畢	平	乾	月空大明	3 二	平治道塗結網。●忌開光作灶	卯亥	煞南沖狗61歲	占門栖房內東
8	二	天月德合日	初三	乙巳	火	白六	觜	定	兌	三合傳星	7 三	嫁娶納采問名訂盟提親祭祀祈福開光設醮裁衣冠笄會親友解除安機械安床。●忌上樑入宅	丑巳申酉	煞東沖豬60歲	碓磨床房內東
9	三	〔三代祖師聖誕〕〔莊府元帥千秋〕	初四	丙午	水	赤七	參	執	離	敬安敬心	4 三	沐浴整手足甲開生墳進壽符入殮成除服移柩破土啓攢火化進塔安葬修墳立碑。●忌開市嫁娶	丑卯午酉	煞北沖鼠59歲	廚灶碓房內東
10	四	正八座	初五	丁未	水	白八	井	破	震	普護六龍	6 七	◇日值月破大耗最為不吉之凶神凶多吉少，只宜祭祀破屋壞垣故宜事均少取。	巳酉亥	煞西沖牛58歲	倉庫廁房內東
11	五	司法節◎歲德日〔普庵祖師聖誕〕刀砧	初六	戊申	土	紫九	鬼	危	巽	母倉活曜	2 六	沐浴剃頭醞釀造倉庫開市立券交易納財開倉庫出貨財栽種入殮破土火化安葬。●忌祭祀入宅	卯巳未	煞南沖虎57歲	房床爐房內東
12	六	刀砧	初七	己酉	土	白一	柳	成	坎	天恩母倉	3 八	▲日值受死凶日會重喪日只宜祭祀沐浴剃頭解除整手足甲掃舍宇補垣塞穴斷蟻宜事均少取	子未	煞東沖兔56歲	占大門外東北
13	日	天月德日〔釋迦文佛成道〕	初八	庚戌	金	黑二	星	收	艮	聖心顯星	9 九	嫁娶納采問名訂盟提親祭祀裁衣冠笄會親友進人口作灶捕捉。●忌開市安床	巳酉亥	煞北沖龍55歲	碓磨栖外東北
14	一	◐上弦14時46分〔侯千歲聖誕〕	初九	辛亥	金	碧三	張	開	坤	天恩曲星	7 七	納采提親祭祀開光設醮沐浴剃頭會友伐木架馬出火修造動土作灶入宅安香開井●忌安葬上樑	午未申酉	煞西沖蛇54歲	廚灶床外東北
15	二	藥師節	初十	壬子	木	綠四	翼	閉	乾	天貴天恩	8 一	祭祀沐浴合帳裁衣安床立券交易納畜造畜稠入殮成除服移柩啓攢火化安葬。●忌上樑嫁娶	丑辰申酉	煞南沖馬53歲	倉庫碓外東北

小寒

日出：上午6時40分

台灣：夜子23時39分

日入：下午5時19分

播種

北部：蘿蔔、菜豆、石刁柏、廿日紅蘿蔔、水稻

中部：西瓜、南瓜、冬瓜、石刁柏、水稻

南部：胡瓜、茄子、絲瓜、南瓜、冬瓜、石刁柏

撈漁

蘇澳：梳齒、釘鯢、棘鬣魚

基隆：釘鯢、棘鬣魚（淡水）

澎湖：沙魚、狗母、龍蝦、棘鬣魚

▲星命參考▼

男命帶鐵掃

相猴鼠龍人正月生者

相蛇雞牛人六月生者

相虎馬狗人四月生者

相豬兔羊人二月生者

女命帶鐵掃

相猴鼠龍人十二月生者

相蛇雞牛人九月生者

相虎馬狗人七月生者

相豬兔羊人八月生者

男人破月

正月生破相蛇如此算下；二鼠、三牛、四猴、五兔、六狗、七豬、八馬、九羊、十虎、十一雞、十二龍

女人破月

六月生人破相猴鼠龍

四月生人破相蛇雞牛

三月生人破相虎馬狗

正月生人破相豬兔羊

學堂：聰明賢讀書

甲日亥時生者如此推

乙日午時、丙日寅時

丁日酉時、戊日寅時

己日酉時、庚日巳時

辛日子時、壬日申時

癸日卯時生的人。

六秀：主聰明炙巧

戊子、己丑、戊午日

己未、丁未、丙午日

四柱中帶三奇

天上三奇甲戊庚全

地下三奇乙丙丁全

人中三奇壬癸辛全

三元及弟冠群英

十七、當月狀況敘述

國曆一月（大）卅一日 January 2019
農曆十二月（大）三十日
自十二月三十日夜子至十二月三十日午時爲十二月令
月煞東 月宿危
乙丑月（月臘）
豐歉詩
（朔日西風六畜災 棉絲五穀總成堆 最喜大寒無雨雪 下武農夫大發財）
每日吉時
每日沖煞 年歲
每日胎神 占方
▲星命參考▼
男命帶鐵掃 相猴鼠龍人正月生者

農民曆第二頁起，表頭皆從國曆一月一日起編排。

此表頭為國曆一月大（月），（本月有）三十一日（天），農曆為十二月（大月），（本月有）三十日（天），自（去年）十一月三十日夜子時，至十二月三十日午時止為十二月令，（本月）月煞東方，（本月值）月（星）宿（為）危（月燕），乙丑月，（又稱）臘月。

國曆每年有三百六十五天，每四年閏年一次（三百六十六天），逢百（對世紀年）不閏，逢四百又閏（使四百年內少閏三次）。換句話説：每四百年有閏年九十七次，其餘為平年。我國辛亥革命後，於西元一九一二年開始採用格里曆為國家曆法，故稱國曆。曆型在前已有簡述，在此不再贅述。國曆與農曆所用之曆型不同，故曆首也會不同，所以與傳統使用陰陽合曆的農民曆也會有所不同，才會產生國曆已換年，農曆未換年之故。

農曆十二月，稱為「丑」月，所以當月月煞東方。

申子辰三合成水局，煞位在南方（火）

亥卯未三合成木局，煞位在西方（金）

寅午戌三合成火局，煞位在北方（水）

巳酉丑三合成金局，煞位在東方（木）

這是包含著先祖智慧所創，將曆法不只單純做為記日之用，也告訴我們何時可有何種作為，將天時與地利在曆法展示後，再來就配合人和，農民曆就成為一本擇「良辰」、選「吉日」的工具書，不單只作為記日之用。

十八、月份的別稱

January 2019
國曆一月 卅一日（大）
農曆十二月（大）三十日
自十一月三十日夜子至十二月三十日午時爲十二月令
月煞東 月宿危 乙丑月
（月臘）
豐歉詩（朔日西風六畜災 棉絲五穀總成堆 最喜大寒無雨雪 下武農夫大發財）
每日吉時
每日沖煞 年歲
每日胎神 占方
▲星命參考▼
男命帶鐵掃
相猴鼠龍人正月生者

《爾雅．釋天》中說：「正月為陬（音ㄗㄡ），二月為如，三月為寎（音ㄅㄧㄥˋ），四月為余，五月為皋（音ㄍㄠ），六月為且（音ㄐㄩ），七月為相，八月為壯，九月為玄，十月為陽，十一月為辜，十二月為涂。」可知以前對於月份便有其他名稱，名人雅士在，寫字、作畫，或是在匾額上落款時記錄時間往往不寫幾年幾月，而是用古老的年月名號。諸如：「歲次己亥年臘月」等，或是以春、夏、秋、東排列稱之，一年分成春、夏、秋、冬四季，一季分三個月分為孟、仲、季三個月份，即是以四季的月份配上孟、仲、季，春天是一、二、三月，孟春就是一月；仲春就是二月；季春就是三月，夏天是四、五、六月，孟夏就是四月；仲夏就是五月；季夏就是六月，秋天是七、八、九月，孟秋就是七月；仲秋就是八月；季秋就九是月，冬天是十、十一、十二月，孟冬就是十月；仲冬就是十一月；季冬就十二是月，或用每月當令水果或植物名令之，或以十二地支稱之，所以月分有許多別稱，整理如下：

一月的別稱

寅月、孟春、楊月、太簇、泰月、建寅、端月、元月、正月、征月、月正、新正、首春、上春、寅孟春、始春、早春、元春、新春、初春、端春、肇春、獻春、春王、華歲、歲歲、肇歲、開歲、獻歲、芳歲、初歲、初月、初陽、孟陽、新陽、春陽、春王、歲始、王正月、初空月、霞初月、初春月、陬月、王月、孟陬、謹月、三微月、三正、三之日、睦月、上月、歲首、首陽、元陽、正陽、嘉月等。

二月的別稱

卯月、仲春、杏月、夾鐘、大壯、如月、梅見月、梅月、麗月、酣月、令月、跳月、小草生月、衣更著、仲鐘、仲陽、中和月、四陽月、四之月、春中、婚月、媒月、竹秋、花朝、花月、酣春等。

三月的別稱

辰月、季春、桃月、姑洗、夬月、暮春、末春、晚春、杪春、禊春、蠶月、花月、桐月、嘉月、稻月、櫻筍月、桃浪、雩風、五陽月、桃季月、花飛月、小清明、竹秋等。

四月的別稱

巳月、孟夏、麥月、仲侶、乾月、乏月、荒月、陽月、農月、畏月、雲月、槐月、朱月、餘月、首夏、夏首、初夏、維夏、始夏、槐夏、得鳥、羽月、花殘月、純陽、純乾、正陽月、和月、麥秋、麥候、麥序、六陽、榎月、梅溽、梅月、清乾、槐序等。

五月的別稱

午月、仲夏、榴月、蕤賓、姤月、蒲月、皋月、超夏、中夏、始月、星月、皇月、一陽月、蘭月、忙月、毒月、惡月、橘月、月不見月、吹喜月、榴月、端陽月、暑月、鶉月、鳴蜩、夏五、賤男染月、小刑、天中、芒種、啓明、鬱蒸等。

六月的別稱

未月、季夏、荷月、林鐘、遯月、暑月、且月、焦月、伏月、季月、暮夏、杪夏、晚夏、長夏、極暑、組暑、溽暑、精陽、荔月等。

七月的別稱

申月、孟秋、瓜月、夷則、相月、首秋、上秋、瓜秋、早秋、新秋、肇秋、蘭秋、蘭月、巧月、涼月、文月、七夕月、女郎花月、文披月、大慶月、三陰月、初商、孟商、瓜時、初秋、否月等。

八月的別稱

酉月、仲秋、桂月、南呂、壯月、秋半、秋高、橘春、清秋、正秋、桂秋、獲月、葉月、秋風月、月見月、紅染月、仲商、柘月、雁來月、中律、四陰月、爽月、大清月、竹小春、中秋等。

九月的別稱

戌月、季秋、菊月、無射、剝月、授衣月、青女月、小田月、貫月、霜月、長月、朽月、詠月、玄月、禰覺月、菊開月、紅葉月、暮秋、晚秋、菊秋、秋末、殘秋、涼秋、素秋、五陰月、窮秋、杪秋、秋商、暮商、季白、霜序、菊序、元月等。

十月的別稱

亥月、孟冬、陽月、應鐘、坤月、吉月、良月、陽月、正陽月、小陽春、神無月、時雨月、初霜月、初冬、上冬、開冬、玄冬、玄英、小春、大章、始冰、極陽、陽止等。

十一月的別稱

子月、仲冬、葭月、黃鐘、復月、中冬、辜月、正冬、暢月、霜月、霜見月、紙月、天正月、一陽月、廣寒月、雪月、寒月、陽復、陽祭、冰壯、三至、亞歲、中寒、龍潛等。

十二月的別稱

丑月、季冬、臘月、大呂、臨月、除月、嚴月、冰月、餘月、極月、塗月、地正月、二陽月、嘉平月、三冬月、梅初月、春待月、暮冬、晚冬、杪冬、窮冬、黃冬、臘冬、殘冬、末冬、嚴冬、師走、星回節、殷正、清祀、冬素、歲終、塗月、臨月、臘月、歲杪等。

字、畫，或匾額上的落款，可查本章節，再也考不倒你了，除了月令別稱以外，農民曆也常見「朔、望」兩字，朔日指農曆初一，望日指農曆十五。

十九、日沖及煞位

國曆 January 2019 一月（大）卅一日
農曆 十二月（大）三十日
自十一月三十日夜子至十二月三十日午時為十二月令
月煞東 月宿危 乙丑月（月臘）
詩歎豐（朔日西風六畜災 棉絲五穀總成堆 最喜大寒無雨雪 下武農夫大發財）
每日吉時
每日沖煞年歲
每日胎神占方
▲星命參考▼ 男命帶鐵掃 相猴鼠龍人正月生者

在每月狀況描述欄位中，有這一欄，「每日沖煞年歲」欄，前有述農民曆並非只用來記日期而已，最重要的是「求合於天」，對於當日適合做的事及當日的「煞方」與當日「被沖」到的年紀，都有做整理。每日沖煞條列如下：

甲子日煞南 正沖戊午
甲戌日煞北 正沖戊辰
甲申日煞南 正沖戊寅
甲午日煞北 正沖戊子
甲辰日煞南 正沖戊戌
甲寅日煞北 正沖戊申

乙丑日煞東 正沖己未
乙亥日煞西 正沖己巳
乙酉日煞東 正沖己卯
乙未日煞西 正沖己丑
乙巳日煞東 正沖己亥
乙卯日煞西 正沖己酉

丙寅日煞北 正沖庚申
丙子日煞南 正沖庚午
丙戌日煞北 正沖庚辰
丙申日煞南 正沖庚寅
丙午日煞北 正沖庚子
丙辰日煞南 正沖庚戌

丁卯日煞西 正沖辛酉
丁丑日煞東 正沖辛未
丁亥日煞西 正沖辛巳
丁酉日煞東 正沖辛卯
丁未日煞西 正沖辛丑
丁巳日煞東 正沖辛亥

戊辰日煞南 正沖壬戌
戊寅日煞北 正沖壬申
戊子日煞南 正沖壬午
戊戌日煞北 正沖壬辰
戊申日煞南 正沖壬寅
戊午日煞北 正沖壬子

己巳日煞東 正沖癸亥
己卯日煞西 正沖癸酉
己丑日煞東 正沖癸未
己亥日煞西 正沖癸巳
己酉日煞東 正沖癸卯
己未日煞西 正沖癸丑

庚午日煞北　正沖甲子
庚辰日煞南　正沖甲戌
庚寅日煞北　正沖甲申
庚子日煞南　正沖甲午
庚戌日煞北　正沖甲辰
庚申日煞南　正沖甲寅

辛未日煞西　正沖乙丑
辛巳日煞東　正沖乙亥
辛卯日煞西　正沖乙酉
辛丑日煞東　正沖乙未
辛亥日煞西　正沖乙巳
辛酉日煞東　正沖乙卯

壬申日煞南　正沖丙寅
壬午日煞北　正沖丙子
壬辰日煞南　正沖丙戌
壬寅日煞北　正沖丙申
壬子日煞南　正沖丙午
壬戌日煞北　正沖丙辰

癸酉日煞東　正沖丁卯
癸未日煞西　正沖丁丑
癸巳日煞東　正沖丁亥
癸卯日煞西　正沖丁酉
癸丑日煞東　正沖丁未
癸亥日煞西　正沖丁巳

運用上；例如國曆民國一〇八年十二月三日，農曆為十一月初八日，當日「煞北」，指當日北方為煞方，若求「吉事」，如入宅、開市等坐北朝南的房子，則不宜用此日，而這一天「沖龍三十二歲」，意思為若你的生肖屬「龍」，又剛好是「三十二歲」，則當日對你而言在命理學上，稱為「年柱正沖」，凡事小心，所以也不適合做日常生活以外的其他事，尤其是祈福或送喪等事，其他八、二十、四十四、五十六、六十八、八十歲的生肖龍，則屬「偏沖」，在命理上的「天（干）剋、地（支）沖」，影響較輕微就沒那麼嚴重。

二十、每日吉時

國曆 January 2019 一月 卅一日（大）
農曆 十二月（大）三十日
自十一月三十日夜子至十二月三十日午時爲十二月令
月煞東 月宿危
乙丑月（月臘）
豐歉詩
朔日西風六畜災
棉絲五穀總成堆
最喜大寒無雨雪
下武農夫大發財
每日吉時
每日沖煞年歲
每日胎神占方
▲星命參考▼
男命帶鐵掃
相猴鼠龍人正月生者

在每月狀況描述欄位中，通常農民曆會編有這一欄，「每日吉時」欄，這一欄事關重要，陰陽家常言，年煞不如月煞，月煞不如日煞，日煞不如時煞，意思為年月煞總是影響比較輕微，時煞為當下，影響最為嚴重，所以在不好的日子也有很好的時局，茲整理每日吉時如下：

六甲日	吉時	凶時
甲子日	子、丑、寅、卯	午
乙丑日	寅、卯、巳、申	未
丙寅日	子、丑、辰、未	申
丁卯日	寅、卯、午、未	辰、酉
戊辰日	寅、巳、申	辰、戌
己巳日	丑、寅、辰、巳	酉、亥
庚午日	丑、卯、酉	子、未
辛未日	寅、卯、巳、申	丑
壬申日	子、丑、辰、巳	寅
癸酉日	寅、巳、午、未	卯
甲戌日	丑、卯、巳、亥	辰
乙亥日	丑、辰、未、戌	巳
丙子日	子、丑、寅、卯	午、戌
丁丑日	卯、巳、午、亥	未、寅
戊寅日	辰、巳、未	申
己卯日	寅、卯、午、未	酉、申
庚辰日	寅、辰、亥	戌、酉

六甲日	吉時	凶時
甲午日	丑、寅、卯、午、未	子
乙未日	寅、卯、午、申	丑
丙申日	子、丑、未、戌	寅
丁酉日	子、丑、午	卯
戊戌日	寅、卯、未、申	辰、巳
己亥日	子、丑、寅、午	巳、酉
庚子日	子、寅、卯、申、酉	午
辛丑日	寅、卯、申、酉、亥	未
壬寅日	酉、午、未	申
癸卯日	寅、卯、巳、午	酉
甲辰日	子、丑、巳、申	戌、午
乙巳日	丑、辰、巳、未	亥
丙午日	丑、午、申、酉	子
丁未日	巳、午、申	丑、酉
戊申日	子、丑、辰、巳	寅、申
己酉日	子、午、未	卯、辰、申
庚戌日	丑、巳、午、申、亥	辰

六甲日	吉時	凶時
辛巳日	丑、辰、午、未	亥
壬午日	丑、卯、午、未	子
癸未日	寅、卯、辰、巳	丑、酉
甲申日	子、丑、辰、巳	寅、午
乙酉日	子、丑、寅、酉	卯
丙戌日	子、丑、寅、巳、午	辰、戌
丁亥日	丑、辰、酉、亥	巳
戊子日	卯、巳	午
己丑日	寅、卯、巳	未、酉
庚寅日	子、丑、辰、巳	申、亥
辛卯日	子、寅、卯、巳	酉
壬辰日	丑、寅、辰、巳	戌
癸巳日	丑、卯、辰、巳	亥

六甲日	吉時	凶時
辛亥日	丑、午、未、申	巳
壬子日	子、丑、未、酉	午
癸丑日	寅、卯、辰、巳	未
甲寅日	丑、寅、未、戌	申
乙卯日	子、卯、午、未	酉
丙辰日	子、寅、申、酉	卯、戌
丁巳日	辰、巳、午、未	卯、申、酉、亥
戊午日	卯、辰、午	子、寅、未
己未日	寅、卯、巳	丑、辰、午、酉
庚申日	辰、巳、未、申、酉	寅
辛酉日	寅、巳、午、未	卯
壬戌日	巳、午、酉、亥	辰
癸亥日	卯、辰、午、未	巳

配合上述吉凶時、再以各人生年配合選用、以期趨吉避凶，掌握吉日加「良辰」求好再更好。

二十一、每日胎神占方

國曆 January 2019 一月（大）卅一日
農曆 十二月（大）三十日
自十一月三十日夜子至十二月三十日午時 爲 十二月令
月煞東 月宿危
乙丑月（月臘）
豐歉詩
朔日西風六畜災
棉絲五穀總成堆
最喜大寒無雨雪
下武農夫大發財
每日吉時
每日沖煞年歲
每日胎神占方
▲星命參考▼
男命帶鐵掃
相猴鼠龍人正月生者

在每月狀況描述欄位中，農民曆定會編有這一欄，「每日胎神占方」欄，這一欄事關重要，「胎神」所謂胎神，是每日遊動在屋宅內外的日遊煞神，胎神不是神也不是靈，而是一個煞位「胎神方」的名稱。無論胎神是神、靈抑或煞位，民間相信，從孕婦懷胎開始到生產以後的百日之內，都有胎神常在左右，祂可能在孕婦房間，也可能在週遭的任何器物上。所以孕婦的家中，不可隨便穿鑿釘補或搬動家中任何物品，孕婦本人更是不可移動任何東西，不可以整理粉刷房舍內外，不可以釘鐵釘，否則如果不是流產、難產就是會生下有殘疾的嬰兒，因為那些舉動已經傷害了胎神。每天胎神所占的方位都不一樣，可以從農民曆查詢到胎神每天所佔方位，有胎神所在，不可移動物品，如家具、器具等，或敲打，釘鐵釘…等，否則將會對胎兒產生不良的影響。茲整理每日胎神占方如下：

甲子日占門碓外東南
甲戌日門碓栖外西南
甲申日占門爐外西北
甲午日占門碓房內北
甲辰日門碓栖房內東
甲寅日占門爐外東北

乙丑日碓磨廁外東南
乙亥日碓磨床外西南
乙酉日碓磨門外西北
乙未日碓磨廁房內北
乙巳日碓磨床房內東
乙卯日碓磨門外正東

丙寅日廚灶爐外正南
丙子日廚灶碓外西南
丙戌日廚灶栖外西北
丙申日廚灶爐房內北
丙午日廚灶碓房內東
丙辰日廚灶栖外正東

丁卯日倉庫門外正南
丁丑日倉庫廁外正西
丁亥日倉庫床外西北
丁酉日倉庫門房內北
丁未日倉庫廁房內東
丁巳日倉庫床外正東

戊辰日房床栖外正南
戊寅日房床爐外正西
戊子日房床碓外正北
戊戌日房床栖房內南
戊申日房床爐房內東
戊午日房床碓外正東

己巳日占門床外正南
己卯日占大門外正西
己丑日占門廁外正西
己亥日占門床房內南
己酉日占大門外東北
己未日占門廁外正東

庚午日占碓磨外正南
庚辰日碓磨栖外鄭西
庚寅日碓磨爐外正北
庚子日占碓磨房內南
庚戌日碓磨栖外東北
庚申日碓磨爐外東南

辛未日廚灶廁外西南
辛巳日廚灶床外正西
辛卯日廚灶門外正北
辛丑日廚灶廁房內南
辛亥日廚灶床外東北
辛酉日廚灶門外東南

壬申日倉庫爐外西南
壬午日倉庫碓外西北
壬辰日倉庫栖外正北
壬寅日倉庫爐房內南
壬子日倉庫碓外東北
壬戌日倉庫栖外東南

癸酉日房床門外西南
癸未日房床廁外西北
癸巳日占房床房內北
癸卯日房床門房內南
癸丑日房床廁外東北
癸亥日占房床外東南

占為「佔」之意，也就是每日胎神所在位置，由六個字組成，前三字為家裡特定地方；後三字為以房屋為參考的方位，在這些地方與方位，不可以隨意敲打或移動物件。

其字義解釋：

房：屋內房間及所有傢具。
床：屋內所有床鋪。
倉：倉庫。
碓：舂米穀的設備。
磨：石磨。
爐：盛火的器具。（瓦斯爐、煤氣爐）
灶：指亨飪的用具與建築物。
椆：指豬舍。
欄：牛欄。
棧：羊棧。
溝：河溝。

廚灶：指廚房與灶。
籬壁：籬笆及牆壁。
身房：指孕婦所睡的床。
堂場：指大廳堂與門前庭院。
門堂：指屋內外的大門與大廳。
户窗：單扇門稱之為户，雙扇門稱之為窗。
栖：動物棲息處（貓、狗窩）。
雞栖：家裡的雞舍。
外正東：房屋外的東方。
房內東：房屋內的東方。
外西南：房屋外的西南方。

除了每日胎神方位所在位，每月也有胎神的占方，正月房床、二月户窗、三月門堂、四月廚灶、五月身床、六月床倉、七月碓磨、八月廁户、九月門房、十月房床、十一月爐灶、十二月房床，雖然現代居家環境與以前不同，家中有孕婦者，還是注意一下胎神所在的方位，民間傳説也是隨著老祖先的智慧流傳下來。

二十二、當日記要

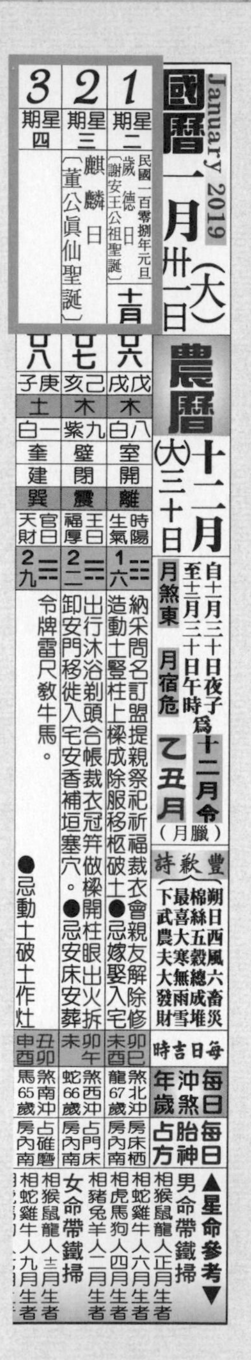

國曆 一月（大）卅一日 January 2019

國曆	星期	記要	農曆	干支	五行	九星	廿八宿	十二建	卦	日神	卦數	宜忌	每日吉時	每日沖煞年歲	每日胎神占方
1	星期二	民國一百零捌年元旦 歲德日（謝安王公祖聖誕）	十二月 廿六	戊戌	木	八白	室	開	離	時陽 生氣	1 六	納采問名訂盟提親祭祀祈福裁衣會親友解除修造動土豎柱上樑成除服移柩破土●忌嫁娶入宅	卯巳未酉	煞北沖龍67歲	房床栖 房內南
2	星期三	麒麟日（董公眞仙聖誕）	廿七	己亥	木	九紫	壁	閉	震	王日 福厚	2 二	出行沐浴剃頭合帳裁衣冠笄做樑開柱眼出火拆卸安門移徙入宅安香補垣塞穴。●忌安床安葬	卯午未	煞西沖蛇66歲	占門床 房內南
3	星期四		廿八	庚子	土	一白	奎	建	巽	官日 天財	2 九	令牌雷尺敎牛馬。●忌動土破土作灶	丑卯申酉	煞南沖馬65歲	占碓磨 房內南

農曆 十二月（大）三十日

自十一月三十日夜子至十二月三十日午時爲十二月令 乙丑月（月臘）

月煞東 月宿危

豐歉詩：朔日西風六畜災，棉絲五穀總成堆，最喜大寒無雨雪，下武農夫大發財

▲星命參考▼

男命帶鐵掃：相猴鼠龍人正月生者、相蛇雞牛人六月生者、相虎馬狗人四月生者、相豬兔羊人二月生者

女命帶鐵掃：相猴鼠龍人十二月生者、相蛇雞牛人九月生者

「當日記要」欄所列之內容為：

（一）陽曆記日

俗稱西曆、國曆、大日等

（二）星期記日

一星期七天的由來，據傳是與聖經中創世紀有關，也就是上帝工作了六天，而在第七天休息。

（三）節慶、紀念日

大格內記錄當日的節慶日、紀念日、諸神佛誕辰吉相關的節日，節慶或紀念日由政府頒定之，請參閱後面附錄，諸神佛誕辰也請看後面附錄，農民曆中最重要的用事吉凶日（如月德合日、歲德日、勿探病、麒麟日、楊公忌日等……）。這些陳述中就屬這些日子的排列組合最令人摸不著頭緒，茲將以下日期做一番整理如下：

每月吉日	適宜（忌）作的事	每年每月所在日
歲德日	嫁娶、納采、出行、移徙、祈福、修造、動土	甲年在甲日 乙年在庚日 丙年在丙日 丁年在壬日 戊年在壬日 己年在申日 庚年在庚日 辛年在丙日 壬年在壬日 癸年在戊日
歲德合日	嫁娶、納采、出行、移徙、祈福、修造、動土	甲年在己日 乙年在乙日 丙年在辛日 丁年在丁日 戊年在癸日 己年在己日 庚年在乙日 辛年在辛日 壬年在丁日 癸年在癸日
天德日	嫁娶、納采、安葬、祈福、修造、動土、豎柱、上梁	正月在丁日 二月在申日 三月在壬日 四月在辛日 五月在亥日 六月在甲日 七月在癸日 八月在寅日 九月在丙日 十月在乙日 十一月在巳日 十二月在庚日

每月吉日	適宜（忌）作的事	每年每月所在日
月德日	嫁娶、納采、安葬、祈福、修造、動土、豎柱、上梁	正月在丙日 二月在甲日 三月在壬日 四月在庚日 五月在丙日 六月在甲日 七月在壬日 八月在庚日 九月在丙日 十月在甲日 十一月在壬日 十二月在庚日
天德合日	嫁娶、納采、六禮、安葬、祈福、修造、修宅、入宅	正月在壬日 二月在己日 三月在丁日 四月在丙日 五月在寅日 六月在巳日 七月在戌日 八月在亥日 九月在辛日 十月在庚日 十一月在申日 十二月在乙日
月德合日	嫁娶、納采、六禮、安葬、祈福、修造、修宅、入宅 忌訴訟	正月在辛日 二月在己日 三月在丁日 四月在乙日 五月在辛日 六月在己日 七月在丁日 八月在乙日 九月在辛日 十月在己日 十一月在丁日 十二月在乙日
天赦日	納采、嫁娶、祈福、齋醮、開市、移徙、疏冤獄、遇開日是真天赦日 忌動土	春（正、二、三月）戊寅日 夏（四、五、六月）甲午日 秋（七、八、九月）戊申日 冬（十、十一、十二月）甲子日 五月甲午日；十一月甲子日不赦

歲德日

歲德者，歲中德神，所理之地，萬福咸集，群殃自避，上吉之日，有宜無忌。

歲德合日

歲德合神與歲德神一樣皆是吉神，歲德神為陽神，歲德合神為陰神，因此有剛柔之別（陽剛、陰柔）。凡陽往（由內而外謂之往）之事，如出行、赴任、納采，則宜用陽日，即甲、丙、戊、庚、壬日。凡陰來（由外而內謂之來）之事，如嫁娶、入宅、進人口，則宜用陰日，即乙、丁、己、辛、癸日天德日：所謂天德者，是指三合之氣以月支論。天德為福德眾聚所理之方、聚秀之位，所值之日，有宜無忌，得天福蔭。

天德日

天德者，天德為天之福德，是指三合之氣以月支論。天德為福德眾聚所理之方、聚秀之位，所值之日，百事皆宜，得天福蔭。

月德日

月德者，月之德神，當月所吉之日，以月支之三合，取其五行之陽干為用。月德日利於起基動土、出行赴任、求官求職、行善淑世、自積福蔭，事半而功倍。

天德合日

所謂天德合日，就是與天德日干相合之日。我們知道所謂干合就是甲與己合、乙與庚合、丙與辛合、丁與壬合、戊與癸合。合天德之日，亦利有攸往、修造、動土、開市、祈福、出師、遠行等皆宜。

月德合日

所謂月德合日，就是與月德日干相合之日，日為陽，月為陰，故取相合之日干皆為陰。月德合日，百福并集，諸事皆宜，是個好日子，宜多加參考運用，尤利於由內而外拓展所圖。

天赦日

天赦日就是上天赦罪釋放有過者之日，百無禁忌，當然為一年之中所少有，因為選擇吉日的參考因素相當的多，除了所謂已厘訂的吉日外，還與每個人的出生八字，流年氣運之吉、凶、侮、吝等條件有直接的關係，因之很多人在能配合的狀況下，多選天赦日行事。

每月吉日	適宜（忌）作的事	每年每月所在日
天願日	納采、嫁娶、祈福、齋醮、開市、移徙	正月逢甲午日 二月逢甲戌日 三月逢乙酉日 四月逢丙子日 五月逢丁丑日 六月逢戊午日 七月逢甲寅日 八月逢丙申日 九月逢辛卯日 十月逢戊辰日 十一月逢甲子日 十二月逢癸未日
天恩日	納采、祭祀、祈福、移徙、動土、豎柱、上梁、栽種	甲子日 乙丑日 丙寅日 丁卯日 戊辰日 己卯日 庚辰日 辛巳日 壬午日 癸未日 己酉日 庚戌日 辛亥日 壬子日 癸丑日
天福日	納采、祈福、上官、佩印、送禮、入宅	正月逢己日 二月逢戊日 四月辛、壬日 五月逢庚、癸日 七月逢乙日 八月逢甲日 十一月逢丁日 十二月丙日

每月吉日	適宜(忌)作的事	每年每月所在日
天瑞日	納采、祈福、上官、佩印、送禮、入宅	戊寅日 己卯日 辛巳日 庚寅日 壬子日
母倉日	進人口、納財、栽種、牧養、納畜	春(正、二、三月)亥、子日 夏(四、五、六月)寅、卯日 秋(七、八、九月)丑、辰、戌、未日 冬(十、十一、十二月)申、酉
福生日	祈福、齋醮、入宅	正月在酉日 二月在卯日 三月在戌日 四月在辰日 五月在亥日 六月在巳日 七月在子日 八月在午日 九月在丑日 十月在未日 十一月在寅日 十二月在申日
天貴日	出行、赴任、受封、襲爵	春(正、二、三月)甲、乙日 夏(四、五、六月)丙、丁日 秋(七、八、九月)庚、辛 冬(十、十一、十二月)壬、癸

天願日

天願（愿）日，以月之干支為依據，擇與之和合之日為是，故為月之喜神，宜求財、出行、嫁娶、祈福。因為六十甲子迴圈一周為六十日，一個月僅三十日，所以未必每月會逢天愿日，所以，若逢天愿日可多參用。

天恩日

天恩日為上天施恩德澤予民之日。施恩者，予人而不思回報之關懷也，故天恩日最宜擇人任事、獎賞部屬、救濟貧困、布施政事為民與利除害。天恩日以下列特定日之干支為用，凡逢甲子日、乙丑日、丙寅日、丁卯日、戊辰日、己卯日、庚辰日、辛巳日、壬午日、癸未日、己酉日、庚戌日、辛亥日、壬子日、癸丑日等均為天恩日。

天福日

可謂百福齊聚，當日形勢多貴人接引，宜納采、祈福、上官、佩印、送禮、入宅。

天瑞日

天瑞，意謂天地之靈瑞，自然之符應。

母倉日

母倉是黃道擇吉術語，屬擇吉術日神類神煞的一種，可決議一日吉凶宜忌，屬善者。

福生日

福生為「要安九神」[1]之一神煞名，屬吉星，福生日宜祈福、齋醮、入宅。

天貴日

天貴星屬陽土，主貴人助、官爵貴顯，宜出行、赴任、受封、襲爵。

1 要安九神為要安、玉宇、金堂、敬安、普護、福生、聖心、益後、續世等九位神祈名。

每月吉日	適宜（忌）作的事	每年每月所在日
天喜日	嫁娶、納采、開市、進人口	正月在戌日 二月在亥日 三月在子日 四月在丑日 五月在寅日 六月在卯日 七月在辰日 八月在巳日 九月在午日 十月在未日 十一月在申日 十二月在酉日
天富日	開市、求財、修造、安葬、做倉庫	正月在辰日 二月在巳日 三月在午日 四月在未日 五月在申日 六月在酉日 七月在戌日 八月在亥日 九月在子日 十月在丑日 十一月在寅日 十二月在卯日
天馬日	求財、出行、移徙、經商	正月在午日 二月在申日 三月在戌日 四月在子日 五月在寅日 六月在辰日 七月在午日 八月在申日 九月在戌日 十月在子日 十一月在寅日 十二月在辰日
天醫日	求醫、療病、針灸、服藥	正月在丑日 二月在寅日 三月在卯日 四月在辰日 五月在巳日 六月在午日 七月在未日 八月在申日 九月在酉日 十月在戌日 十一月在亥日 十二月在子日

每月吉日	適宜（忌）作的事	每年每月所在日
月空日	上疏陳策、設醮、修造、動土、造床、修屋	正月在壬日 二月在庚日 三月在丙日 四月在甲日 五月在壬日 六月在庚日 七月在丙日 八月在甲日 九月在壬日 十月在庚日 十一月在丙日 十二月在甲日
驛馬日	求財、出行、移徙、經商、見貴	正月逢申日 二月逢巳日 三月逢寅日 四月逢亥日 五月逢申日 六月逢巳日 七月逢寅日 八月逢亥日 九月逢申日 十月逢巳日 十一月逢寅日 十二月逢亥日
吉慶日	凡事俱吉 忌與受死日同則凶	正月逢酉日 二月逢寅日 三月逢亥日 四月逢辰日 五月逢丑日 六月逢未日 七月逢卯日 八月逢申日 九月逢巳日 十月逢戌日 十一月逢未日 十二月逢子日

天喜日

天之喜神，宜嫁娶、納采、開市、進人口。

天富日

顧名思義，當日宜開市、求財、修造、安葬、做倉庫。

天馬日

此為月神類神煞，月神隨月納甲六辰而行。是日宜求財、出行、移徙、經商。

天醫日

天醫為掌管疾病之星。天醫入命。有機會可做良醫。當日適合求醫、療病、針灸、服藥。

月空日

《星學大成》卷一的第五章「其他干支吉煞」的第十二節「論月空：月空逢官貴 非池中之物」是日為吉日，宜上疏陳策、設醮、修造、動土、造床、修屋。

驛馬日

驛馬為發動之要神，歲、月、日、時之中有之。俗云：三合頭沖為驛馬。即謂驛馬所居之處為三合首一字之沖神，例如：寅、午、戌月，逢與寅相沖之日支為申，申日則為驛馬日。驛馬是奔波、外求，進而不已之神，所以是日逢出行、赴任、移徙、謁貴等事均可選用。

吉慶日

凡事俱吉。

每月吉日	適宜（忌）作的事	每年每月所在日
普護日	嫁娶、出行、祈福、祭祀	正月逢申日　二月逢寅日　三月逢酉日 四月逢卯日　五月逢戌日　六月逢辰日 七月逢亥日　八月逢巳日　九月逢子日 十月逢午日　十一月逢丑日　十二月逢未日
月財日	出行、開市、移徙、造葬、作灶、修倉庫	正月逢午日　二月在己日　三月逢巳日 四月逢未日　五月逢酉日　六月逢亥日 七月逢午日　八月在己日　九月逢巳日 十月逢未日　十一月逢酉日　十二月逢亥日

每月吉日	適宜（忌）作的事	每年每月所在日
三合日	嫁娶、納采、修造、交易	正月逢午日 二月逢未、亥日 三月逢子日 四月逢酉日 五月逢寅、戌日 六月逢卯日 七月逢子日 八月逢巳、丑日 九月逢午日 十月逢卯日 十一月逢辰、申日 十二月逢酉日
六合日	嫁娶、立券、交易	正月逢亥日 二月逢戌日 三月逢酉日 四月逢申日 五月逢未日 六月逢午日 七月逢巳日 八月逢辰日 九月逢卯日 十月逢寅日 十一月逢丑日 十二月逢子日
陽德日	嫁娶、納采、開市、入宅	正月逢戌日 二月逢子日 三月逢寅日 四月逢辰日 五月逢午日 六月逢申日 七月逢戌日 八月逢子日 九月逢寅日 十月逢辰日 十一月逢午日 十二月逢申日
陰德日	祭祀、齋醮、施恩、行惠	正月逢寅日 二月逢未日 三月逢巳日 四月逢卯日 五月逢丑日 六月逢亥日 七月逢酉日 八月逢未日 九月逢巳日 十月逢卯日 十一月逢丑日 十二月逢亥日

每月吉日	適宜（忌）作的事	每年每月所在日
時德日	祈福、宴客、求職、見貴	春（正、二、三月）逢午日 夏（四、五、六月）逢辰日 秋（七、八、九月）逢子日 冬（十、十一、十二月）逢寅日

普護日

普護為「要安九神」之一神煞名，屬吉星，宜嫁娶、出行、祈福、祭祀。

月財日

當月求財吉日，宜出行、開市、移徙、造葬、作灶、修倉庫。

三合日

為五行合之簡稱，即亥、卯、未合木局，寅、午、戌合火局，巳、酉、丑合金局，申、子、辰合水局，三合者如聚結群力，眾志成城，故宜訂親、嫁娶、結盟、會友、立券交易、開市、納財。

六合日

六合是種「暗合」，暗中幫助你的貴人。子月逢丑日、寅月逢亥日、卯月逢戌日、辰月逢酉日、巳月逢申日、午月逢未日稱為六合日。宜嫁娶、立券、交易。

陽德日

德者得也，得到天地間最適宜、和諧之氣化。陽德，為月中之德神，陽德日為德神當值之日，氣化調合，諸事順遂，故宜立券交易、開市、納財、納采、訂盟等。

陰德日

陰德者，月內陰德之神，陰德日為陰德之神當值之日。天地間之氣化有陰就有陽，互而為用，正所謂孤陽不生，獨陰不長。德之神，揚善嫉惡，明察功過之神，凡有冤情待平復，或行善積德、惠澤貧困之舉，選用陰德日其愿順遂。

時德日

德者得也，得天地之所生也（即天地之舒暢氣化也）。時德日以季論，春季逢午日、夏季逢辰日、秋季逢子日、冬季逢寅日為時德日。既為四時所生，祈福、宴請、求職、謁貴均適宜。

除了以上這些與日常生活所相關的吉日外，農民曆也有列舉一些禁忌的日子茲將以下日期做一番整理如下：

需注意的日子	不宜(忌)作的事	每年每月所在日
探病凶日	勿探病	凡遇 甲寅日 乙卯日 巳卯日 庚午日 壬寅日 壬午日

需注意的日子	不宜（忌）作的事	每年每月所在日
受死日	百事忌 宜捕獵	正月逢戌日　二月逢辰日　三月逢亥日 四月逢巳日　五月逢子日　六月逢午日 七月逢丑日　八月逢未日　九月逢寅日 十月逢申日　十一月逢卯日　十二月逢酉日
月破日	百事忌	正月逢申日　二月逢酉日　三月逢戌日 四月逢亥日　五月逢子日　六月逢丑日 七月逢寅日　八月逢卯日　九月逢辰日 十月逢巳日　十一月逢午日　十二月逢未日
大耗日	百事忌	正月逢午日　二月逢未日　三月逢申日 四月逢酉日　五月逢戌日　六月逢亥日 七月逢子日　八月逢丑日　九月逢寅日 十月逢卯日　十一月逢辰日　十二月逢巳日
四離日	百事忌 宜靜不移動	春分、夏至、秋分、冬至的前一日

需注意的日子	不宜（忌）作的事	每年每月所在日
四絕日	百事忌 宜靜不移動	立春、立夏、立秋、立冬的前一日
紅沙日	百事忌	正月逢巳日 二月逢酉日 三月逢丑日 四月逢巳日 五月逢酉日 六月逢丑日 七月逢巳日 八月逢酉日 九月逢丑日 十月逢巳日 十一月逢酉日 十二月逢丑日
真滅沒日	百事忌	日值弦日（上弦月）逢虛宿謂之真滅沒

探病凶日

《玉匣記》記載，在這六種干支的日子去探望病人，就會碰上瘟神，染上疾病，替人死亡。這個說法有無應驗，各有說法。但這是從東漢開始，中國古人根據天干地支的規律，設立出來的探病忌日的民俗禁忌。當然在農民曆編印時不能忽略。

受死日

擇日學上的「受死日」原本只是單單針對「禱祀致祭」一事而設的神煞，要安、玉宇、金堂、龍虎、罪至、敬安、普護、福生、受死、聖心、益後、續世此十二神煞乃九吉三凶，三凶即龍虎、罪至與受死，忌禱祀致祭之事也。自民間「通書」和「農民曆」廣為發行之後，再以「受死」之名，強調：「俗忌諸吉事，惟畋獵取魚、入殮、成除服、移柩、破土、啓攢、安葬則不忌。」因此，「受死日」在目前的說法與用法，是吉事（高高興興的好事）用之，恐怕沒有好的結果；而若是陰宅喪葬諸事，用「受死日」則反而有此事不再發生的效果，故而凶事不忌。

月破日

為該日與月令地支的相沖日，此日則百事忌。

大耗日

大耗又稱元神，五行屬陽火。主損耗破敗，為暗耗，破耗力很強，尤其對財物損耗很大。此日行事百事忌。

四離日

春分、夏至、秋分、冬至的前一日。

四絕日

立春、立夏、立秋、立冬的前一日。一年中四季變換最為明顯的時段，就屬於二分、二至及四立的節氣，例如夏至是陽極轉陰的交界點，冬至則是陰極轉陽的交界點，一個重要的五行時間交會點，在這種氣流相交處的前一天，就代表陰陽氣化消長的交會，所以宜靜不宜動。

紅沙日

俗語：起屋犯紅沙，百日火燒家。嫁娶犯紅沙，一女嫁三家。得病犯紅沙，必定見閻王。出行犯紅沙，必定不還家。此日百事忌。

真滅沒日

真滅沒會出現在太陽與月亮的交角為零度、九十度、一百八十度時，又正好逢日、月分別落在虛婁、角亢、鬼牛這幾個星宿時，為太陽與月亮交角為不調和的時期，不宜諸吉事。

神煞，可決議一日吉凶宜忌，屬善者。則當日行吉則吉，屬惡（凶）者，則當日行吉則破或沖。擇吉術的神煞因為來自差別的系統，以是不僅數目浩繁，並且吉凶善惡，各不異時，直到現在，許多的神煞也難找到其本來的屬性了，《協記辨方》羅列許多神煞，也只能按其差別的運動周期，區分為年、月、日、時四大神煞系統。

本書所舉之吉凶日，也只是一部分，讓讀者對神煞有初步認識，進一步擇日學還是需參考其他用書。

除了上表的好日子（吉日）和要注意的日子外，農民曆上還有一些特定或特別記錄的日子，例如：

密日指星期日，還有：初一不嫁娶，初九不修造，十七不安葬，廿五不移徙，所以每月初一是沒有結婚的日子，十七也是沒在出殯的，廿五則不適合搬家，還有民間傳説如「楊公忌日」、「彭祖忌日」等，這些日子因為這些奇人異士與眾不同，所以民間傳説只要根據這些奇人異士所留下的方式生活，則可和他們一樣趨吉避凶，楊公指的是楊筠松（八三四～九〇六年），名益，字筠松，號救貧，竇州人。中國四大堪輿明師之一。唐僖宗（八七四～八八八年）朝掌靈臺地理，，官至金紫光祿大夫。乾符六年（八七四年）王仙芝趙義，黃巢應之。廣明庚子（八八〇年）黃巢入長安（另傳是安史之亂出宮後到江西贛州授徒曾文辿開基祖先廖瑀），楊救貧竊得《禁中玉函秘術》，即郭璞《葬書》，回到贛州，在今楊仙嶺授徒傳術。因楊筠松一生用堪輿之術為無數貧人造葬作福，深得民心，人們尊稱他為楊救貧。另一位是大家比較熟的「彭祖」，中國神話中的長壽仙人，在世八百餘年。農民曆也將這些傳説及禁忌收編呈現。

楊公忌日

忌修造、嫁娶、出行、安葬、上官赴任、入宅，楊公忌日共計十三日，正月十三日、二月十一日、三月九日、四月七日、五月五日、六月三日、七月一日、七月廿九日、八月廿七日、九月廿五日、十月廿三日、十一月廿一日、十二月十九日。

彭祖忌日

甲不開倉財物耗亡　乙不栽種千株不長　丙不修灶必見火災
丁不剃頭必生瘡痒　戊不受田田主不詳　己不破券二主並亡
庚不經絡機織虛張　辛不合醬主人不嘗　壬不汲水難更隄防
癸不詞訟理弱敵強　子不問卜自災惹殃　丑不冠帶主不還鄉
寅不祭祀鬼神不嘗　卯不穿井水泉不香　辰不哭泣必主更張
未不服藥毒氣入腸　申不安床鬼祟入房　酉不會客賓主有傷
戌不食犬作怪上床　亥不嫁娶殺豬不當

三元

其他在農民曆上還有三元五臘，三元指的是正月十五上元天官聖誕，七月十五中元（節）地官聖誕，十月十五下元水官聖誕。

（「臘」為「祭典」名）正月初一天臘之辰，五月初五地臘之辰，七月初七道德臘之辰，十月初一民歲臘之辰，十二月初八王侯臘之辰。

在這當日記要欄內，還有一個有爭議的日子為「刀砧日」，忌伐木、牧養、納畜、穿割六畜（閹割）、針灸、開刀，春（正、二、三月）逢亥、子日，夏（四、五、六月）逢寅、卯辰日，秋（七、八、九月）逢巳、午日，冬（十、十一、十二月）逢申酉日。

為什麼刀砧日是有爭議的日子？刀和砧板，指宰割工具。光看字意，令人聯想宰殺相關之意，就覺得很可怕，在《四庫全書．欽定協紀辨方書》卷三十六《辯偽》說到：「選擇宗鏡曰民間最忌刀砧、火血，術士捏造惡名，以嚇人耳」，後人穿鑿附會，將刀砧過度詮釋，到後面連針灸、開刀都不能選這一天，所以刀砧日與手術開刀或剖腹生產及針灸是完全無關。

農民曆裡面還有兩個屬於特定的的日子，麒麟日與鳳凰日，麒麟在古代為男性象徵，因此麒麟降臨之日時，是屬於男性的吉日，諸事皆宜，則百無禁忌。鳳凰則為女性代表，每逢鳳凰之日時，屬於女性特有的吉日，可逢凶化吉，百無禁忌，女性者可多加選用。

麒麟日

麒麟可制白虎，春井、夏尾、秋牛、冬壁是「麒麟」。

鳳凰日

鳳凰可制朱雀，春危、夏昴、秋胃、冬壁是「鳳凰」。

春季的三個月（立春後、立夏前）之內，若逢當天是廿八宿的井（井木犴）宿，則當日即麒麟日；若當日是危（危月燕）宿，就是鳳凰日了。

夏季的三個月（立夏後、大暑前）之內，若逢當天是廿八宿的尾（尾火虎）宿，則當日即麒麟日；若當日是昴（昴日雞）宿，就是鳳凰日了。

秋季的三個月（立秋後、霜降前）之內，若逢當天是廿八宿的牛（牛金牛）宿，則當日即麒麟日；若當日是胃（胃土雉）宿，就是鳳凰日了。

冬季的三個月（立冬後、大寒前）之內，若逢當天是廿八宿的壁（壁水犴）宿，則當日即麒麟日、鳳凰日了。

（四）陰曆記日

俗稱農曆、舊曆、夏曆、華曆、漢曆、小日等

（五）干支記日

日干支與歲干支皆相同，差別僅日干支六十日一輪，歲干支為六十年一輪。

（六）納音五行

每日五行屬性。（參見三、天干、地支與納音P39）

（七）九星記日

九星為：一白，二黑，三碧，四綠，五黃，六白，七赤，八白，九紫。

九星的位置，每年每月每日都按照一定的方位在排列，每一星輪流當值居中，其於諸星則站八方，農民曆所列的星為居中值星，其於各星

則為吉星或凶星，依各人喜忌之星配合方位運用，選擇對自己有利的方位以利其事。九宮飛星是依洛書數序所飛移，洛書九宮定位配掛，經過千年流傳至今，仍是支配風水方位理氣之根本。北周《數術記遺九宮算》內記載：「九宮者，二四為肩，六八為足，左三右七，戴九履一，五居中央。」九宮飛星圖，是常用九宮圖作風水用途，也有用於其他占卜如性格分析方面。

洛書圖

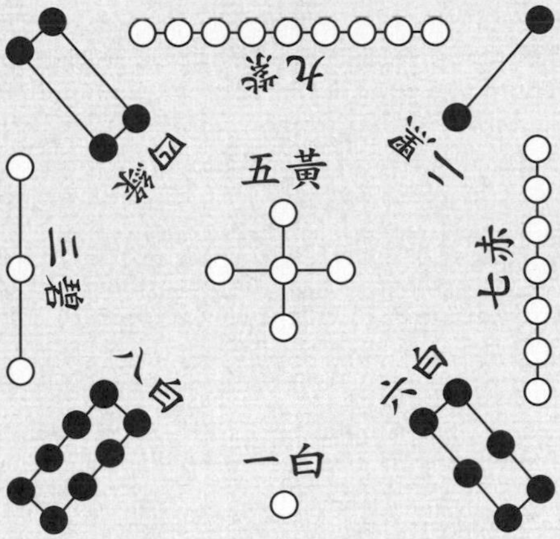

九紫
四綠
二黑
五黃
三碧
七赤
八白
六白
一白

後天八卦

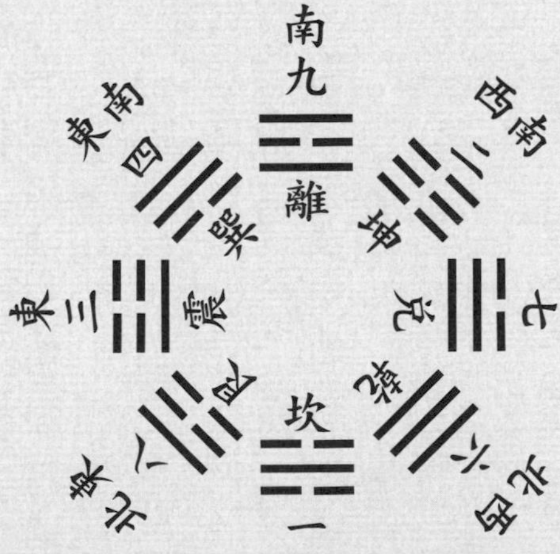

南 九 離
西南 二 坤
西 七 兌
西北 六 乾
北 一 坎
東北 八 艮
東 三 震
東南 四 巽

（八）二十八星宿記日

由前所述得知二十八星宿為擇日參考的要項，《董公選擇要覽》記載著金神七煞歌：「角亢奎婁鬼牛星，出兵便是不回兵，行船定被大風打，居官未滿即遭刑，起造婚嫁逢此日，不出三年見哭聲，世人若知避

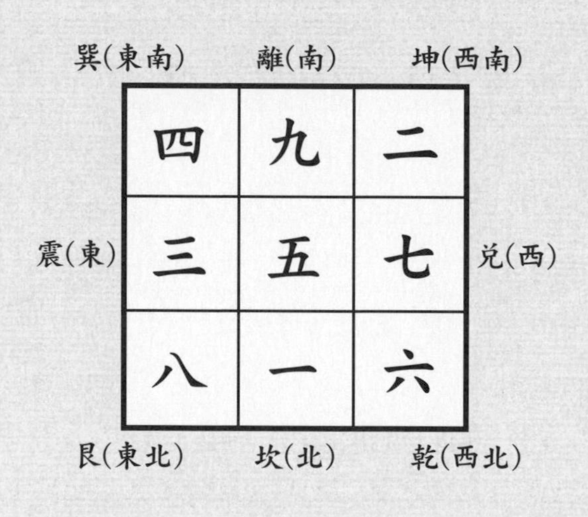

巽(東南)	離(南)	坤(西南)
四	九	二
三	五	七
八	一	六
艮(東北)	坎(北)	乾(西北)

震(東)　兌(西)

七煞，官商士庶永豐榮。」故由上金神七煞歌及麒麟日、鳳凰日…皆可知二十八星宿實為擇日參考的要項。

角（木蛟）宜嫁娶、出行、立柱、立門、移徙、裁衣。忌葬儀。

亢（金龍）宜嫁娶、播種、買牲口。忌建屋。

氐（土貉）宜嫁娶、播種、買田地、造倉。忌葬儀。

房（日兔）宜嫁娶、祭祀、上樑、移徙。忌買田地、裁衣。

心（月狐）宜祭祀、出行、移徙。忌裁衣。

尾（火虎）宜嫁娶、造屋。忌裁衣。

箕（水豹）宜開地、建造、開市納財。忌葬儀。

斗（木獬）宜造倉、裁衣、造倉。

牛（金牛）諸事皆宜。

女（土蝠）宜學藝、裁衣。忌葬儀、訴訟。

虛（日鼠）不論何事退守為宜。

危（月燕）宜塗壁、出行、納財。其於要戒慎。

室（火豬）宜 嫁娶、建造、移徙、掘井。忌 葬儀。

壁（水貐）宜 嫁娶、建造。不宜往南。

奎（木狼）宜 出行、掘井、裁衣。忌 開市。

婁（金狗）宜 嫁娶、裁衣、修建。不宜往南。

胃（土雉）宜 發佈政策。其於要戒慎。

昴（日雞）諸事皆宜。忌 裁衣。

畢（月烏）宜 建造、掘井、造橋。忌 裁衣。

觜（火猴）宜 不論何事退守為宜。

參（水猿）宜 嫁娶、出行、求財、求嗣。忌 葬儀。

井（木犴）宜 祭祀、祈福、播種、掘井。忌 裁衣。

鬼（金羊）諸事皆宜。忌嫁娶。不宜往西。

柳（土獐）宜 嫁娶、建造。忌 葬儀。

星（日馬）宜 嫁娶、播種。忌 裁衣、葬儀。

張（月鹿）宜 嫁娶、裁衣、祭祀。諸事皆宜。

翼（火蛇） 諸事不宜。

軫（水蚓） 宜 嫁娶、裁衣、置產、建造、入學。不宜往北。

還好農民曆幫我們整理好每日的宜忌，單這些生澀字彙已不容易讀記，要再記取這些利害關係還真不容易，所以擇日就直接翻閱農民曆，是比較快的方式。

（九）十二建除神輪值日

建除十二神即指建、除、滿、平、定、執、破、危、成、收、開、閉。在農民曆這一欄位，即以此十二字為序，周而復始。

建日

建者，健也。健旺之氣。宜見官、練武藝、教馬、行軍、外出、求財、謁貴、上書、寄履歷表求職，或到上司家拜訪，找親朋好友週轉一下，選此建日即對了。在五月、四月、七月及十一月，不宜作遠行的出發日子，忌落葬，否則，子孫出愚蠢、沉迷酒色之人。本日不可動土、開倉。

除日

除者，除也，有除舊生新之義─為除舊佈新之象。宜進行一個醫療程序的開始，如有久病想找個日子換醫生試試不妨選擇除日，效果甚佳。捉賊、治鬼、驅邪、斷白蟻、塞鼠穴，告貪官或犯法之人。最忌上任當官、結婚、葬埋、開張、搬遷、動土、遠行的出發日子。除服、療病、避邪、出行、嫁娶都是好日子不可求官、上任、開張、搬家。逢除日不到上司家，以免吃力不討好，新官上任更不可選在除日，以免官運受阻，斷送前程。

滿日

滿者，豐豫盈溢之象。為豐收圓滿之意。故宜造貨倉，安設保險箱。祈福、結親、開市都是好日子，如好友想結拜成兄弟，或準備替小孩認乾爹，選擇滿日最好。此星名土瘟，忌動土、葬埋。在正、四、七、十月忌搬遷及開張。不移服藥、栽種、下葬、求醫療病、上官赴任。

平日

平者，平常也，繩糾齊一之義，無凶無吉之日。宜行船、打獵、裝修、除災、結婚，一般修屋、求福、外出、求財、嫁娶都可以用平日，造葬用平日，只屬平平。

定日

定者，死氣也。按定為不動，不動則為死氣。因此定日諸事不宜，只宜安床、祈福、結婚。只可做計劃性的工作，尤其打官司如逢定日必不妙。忌搬遷、開張種植植物。

執日

執者，固執之謂，有威儀權勢，為固執之意，執持操守也。司法警察人員，選擇執日抓人最好不過了，十拿九穩。一般執日宜祈福、祭祀、求子、結婚、立約。宜捕賊擒凶、結婚。除非為年破，否則不算是凶日，忌搬家、遠行。

破日

破者，剛旺破敗，凡事耗凶。為剛旺破敗之日，萬事皆忘，婚姻不諧。惟宜求醫療病及赴考求名。逢破日，不宜多管閒事。最忌結婚、開張、交易，原則上是諸事不宜。但以下的行事卻不怕，疾病療程的第一天、針灸、破屋，驅賊，打獵等。

危日

危者，危險之形，高大之貌，為危險之意。最忌登高、冒險，喜登山踏青的朋友，逢危日就應該特別小心，容易發生危險之事情。如遇吉星，宜安床、經營。至於結婚、造葬仍是不吉利。

成日

成者，結果成就之義，凡事皆成，但主先難後易，終成和合。為成功、成就、結果之意。凡事皆有成，祈福、入學、開市、嫁娶、求醫、遠行、移徙、上任都是好日子。但不宜打官司，否則必定贏不了。再遇吉星，結婚則生貴子，開張則得到大利益，其他一般行事都非常吉利。

收日

收者，為收成之意。經商開市、外出求財，買屋簽約、嫁娶訂盟諸事吉利。雖有收成之義，但必須配合吉星才作吉利論。宜搬遷、遠行、埋葬、購樓買地。至於官非方面，宜我告人，贏的機會甚大；忌被人告，因為輸的機會甚大。

開日

開者為開放、開心之意。凡主求財、求子、求緣、求職、求名都是好日子。宜結婚、搬遷、交易、開張及各類一般行事。最忌埋葬，反主大凶。三、六、九、十二月忌動土。

閉日

閉者，堅閉之義，堅固之意。最宜埋葬，代表能富貴大吉大利，主子孫富貴，將貴重物品收藏起來，不會被偷盜，亦宜殺白蟻、塞鼠穴，娶妻則妻子賢淑。最忌商鋪開張、搬遷。逢閉日不宜看眼睛及求醫、問學、外出經商，上任就職，逢閉日也不理想。

建除十二神，是中國民俗信仰中的十二位神明，分別為建、除、滿、平、定、執、破、危、成、收、開、閉。這十二位神明每日輪值，週而復始，負責保護凡間人民的平安。在傳統農民曆中，二十八宿下，通常會依序在每日標註上今日輪值神名，作為擇日吉凶的參考，稱為十二建除日。

（十）八卦（日八卦屬性）

八卦者，先天為乾、兌、離、震、巽、坎、艮、坤。後天為後天為乾、坎、艮、震、巽、離、坤、兌，宇宙間的八種現象，就是 天、地、日、月、風、雷、山、澤。農民曆有時會將當日「卦象」收編於內，有的版本會用先天卦排序，有的版本會用後天卦排序，還有一些版本會用當日的「卦爻」排序等，一般讀者用此欄為比較少。

先天

乾 一
兌 二
離 三
震 四
巽 五
坎 六
艮 七
坤 八

後天

離 九
坤 二
兌 七
乾 六
坎 一
艮 八
震 三
巽 四

（十一）宜忌項目（每日宜忌）

《協記辨方．卷十一》說到：「用事：選擇用事宜忌備矣，然：鋪註萬年書則以事為經，以神為緯，選擇：即日時則以神為目；以事維綱，蓋；鋪註以事序而選則由事起也。」這裡就清楚告訴我們，擇日是要看「用事」，要用（做）何事，才去擇日，所以要知道我們現在要做的事，在農民曆上的意思為何？會去翻閱農民曆，絕大多數讀者便是看這一欄所書寫的每日宜忌，如出行、開市、移徙、造葬、作灶、修倉庫等，這欄就是每日用何事的好日子，但許多術語並非每一位讀者都了解，故將擇日術語分成各篇解釋，例如結婚，就看婚姻篇，關於拜拜的事，就看祭祀篇，提供讀者方便收尋的章節，茲整理如下：

婚姻篇

嫁娶：指結婚成親的日子。

問名：男女雙方互通年齡，問家風議婚。

納采：俗稱完聘。

合帳：製作裝設新房的蚊帳。

訂盟：男女訂婚，俗稱送訂。

裁衣：結婚前男、女裁剪製作新衣。

安床：結婚前選一吉日安置新床。

納婿：俗稱招婿，指男方入贅於女方。

開容：結婚前新娘的美容或新郎理髮。

結婚姻：為議婚的儀式，男女將女方的八字，供於自家神桌上，經過三天如無事故發生，再議訂婚、完聘等事宜。

請期：將迎娶的日課給女家。

喪葬篇

啟攢：拾骨、洗骨，俗稱拾金。

破土：開造墳墓。

修墳：整修墳墓。

安葬：舉行埋葬或進金等。

立碑：塑立墓碑或紀念碑。

入殮：將亡者移進棺木裡。

移柩：出殯前將棺木移出廳。

開生墳：生前預先建造的空穴壙。

合壽木：生前預先購製棺材。

進壽符：將生辰八字放進空墓內。

成除服：穿上喪服或除去喪服。

祭祀篇

祭祀：祭拜祖先，敬神敬佛等祭典。

祈福：酬神許願，謝神還願或建醮等。

設醮：建立道場，祈安求福。

齋醮：施祭普渡，消災降福設壇等事。　安香：安奉祖先、神佛的香位。

出火：移動祖先或神佛的香位。　求嗣：向神明祈求後嗣(子孫)之意。

開光：神佛塑像開光點眼。　塑繪：廟宇與神像的繪畫雕塑。

謝土：建築安葬，竣工祭謝。　解除：清洗宅舍，拔災除穢。

祭墓：即掃墓之意。

酧神：備豐富之貢品，答謝神恩，完愿儀式。

入廟登座：廟宇落成，將神明安置廟內供奉的事。

生活篇

分居：指兄弟分家，另起爐灶之意。　出行：外出旅行。出國觀光等。

入學：拜師學藝，求取學問與技藝。　沐浴：潔淨身體、沐浴齋戒。

剃頭：初生兒第一次理髮，或削法為尼。及髮長過腰者理髮。

整手足甲：初生兒第一次剪手足甲　會親友：宴請或訪問親友。

進人口：認養義子義女或招聘員工。　上官赴任：新官上任，舉行就職典禮。

求醫療病：醫治慢性疾病或開刀動手術。

移徙：搬家之意，特別是搬入曾經有人住過的房子。

入宅：新居落成，搬入居住。

冠笄：（冠）指男、（笄）指女、舉行男女成人的儀式，稱之為冠笄。

建築篇

造廟：建造廟、宮、觀、寺、庵、堂等。

拆卸：拆除房屋、門牆等建物。

動土：陽宅或廟宇起鋤動工。

平基：將地面上土石剷平。

安砛：戶定正門前之階梯。

作灶：安修廚灶或廚爐移位。

伐木：砍伐樹木。

豎柱：豎立建築物的柱子。

造船：建造水上交通工具。

破屋壞垣：指拆除房屋或圍牆。

伐木架樑：砍伐樹木製作屋頂樑木等事。

造橋：建造橋樑。

修造：指陽宅或樓臺的整修。

起基：土木工程進行基礎工事。

安門：大門廳堂安裝門扇。

作廁：建造或修繕廁所。

開池：建造池湖，開鑿水塘。

築堤防：修築防陂堤。

上樑：安裝屋頂的大樑。

平治道塗：指鋪平道路等工事。

定磉：故定柱下之石頭，俗稱定磉。

架馬：指建築架臺等事。

工商篇

交易：動產或不動產的買賣。

納財：置產進貨、收帳收租或討債。

作染：染造布帛綢緞之事。

醞釀：釀酒、醋或作麵之事。

開倉出貨：出貨銷送貨品。

經絡：治織絲布之事，同安機械。

開市：商店或工廠的開張及開工。

立券：大宗買賣，訂立契約。

鼓鑄：起火爐冶鍊等事。

掛匾：豎立招牌，懸掛匾額。

作染：染造布類的事。

農牧篇

補捉：撲滅有害農作物的害虫。

取魚：結網捕取魚類。

結網：製做魚網等補魚工具。

納畜：買入家禽等動物。

放水：將水放蓄水池

割蜜：養蜂人割採蜜汁。

栽種：播種百穀，栽植接果。

牧養：飼養家禽類動物。

作陂：作水池

「用事」就要擇日，不分事之大小，順天時擇日，遂地利擇時，以人合天時地利，則事無不利，事無不成。

（十二）每日沖煞年齡

前已敘述。請參見（十九、日沖及煞位P102）

（十三）每日胎神占方

前已敘述。請參見（二十一、每日胎神占方P108）

（十四）每日吉時

可參見（二十、每日吉時P105）

良辰吉日為諸事之選，農民曆有些版本會將每日的吉時，以地支表示，有些版本則會附的「時局對照表」，你就會看到「子時，司命六戊」、「丑時，勾陳黑道」、「寅時，地兵青龍」等等。而這一些司命、勾陳、青龍等，也就是所謂的吉神、凶煞。亦為「良辰」，良辰加吉日，豈不吉上加吉，詳敘述如下：

時家吉神析義

太陽天赦：能解諸凶神，官符，宜入宅、豎造、安葬萬事吉。

太陰吉時：宜安葬，修作吉。

天官貴人：宜祭祀、祈福、酬神、上官赴任、出行、求財、見貴百事吉。

福星貴人：宜祭祀、祈福、酬神、出行、求財、入宅、造葬百事吉。

天乙貴人：宜祈福、求嗣、出行、求財、見貴、婚取、修作、造葬百事吉。

陰陽貴人：宜祈福、求嗣、出行、求財、見貴、婚取、修作、造葬百事吉。

祿貴交馳：宜進祿、進貴、祈福、求嗣、出行、求財、婚取、造葬俱吉。

羅文交貴：宜進祿、進貴、祈福、求嗣、出行、求財、婚取、造葬俱吉。

羅天大進：宜祈福、求嗣、婚取、修造、入宅、開市、交易、造葬百事吉。

三合大進：宜祈福、求嗣、婚取、修造、入宅、開市、交易、造葬百事吉。

五合喜神：宜祈福、求嗣、婚取、六禮、出行、求財、開市、交易、安床俱吉。

六合喜神：宜祈福、求嗣、婚取、六禮、出行、求財、開市、交易、安床俱吉。

祿元驛馬：宜上官、出行、求財、見貴、婚取、入宅、開市、造葬百事吉。

馬元驛馬：宜上官、出行、求財、見貴、婚取、入宅、開市、造葬百事吉。

長生：宜求嗣、嫁取、移徙、入宅、開市、交易、造葬、修作百事吉。

帝旺：宜求嗣、嫁取、移徙、入宅、開市、交易、造葬、修作百事吉。

傳送功曹：宜祭祀、祈福、酬神、設醮。

金星：宜祭祀、祈福、酬神、設醮。

木星：宜修造、上梁、入宅、安葬。

水星：宜修造、上梁、入宅、安葬。

貪狼：宜修造、造葬吉。

武曲：宜修造、造葬大吉。

左輔：宜修造、造葬大吉。

右弼：宜修造、造葬大吉。

明堂黃道：宜祈福、婚取、開市、造葬吉。

明輔黃道：宜祈福、婚取、開市、造葬吉。

金匱黃道：宜祈福、婚取、入宅、造葬吉。

福德黃道：宜祈福、婚取、入宅、造葬吉。

天德黃道：宜祈福、婚取、入宅、造葬吉。

寶光黃道：宜祈福、婚取、入宅、造葬吉。

玉堂黃道：宜入宅、安床、作灶、開倉庫吉。
少微黃道：宜入宅、安床、作灶、開倉庫吉。
司命黃道：宜作灶、祀灶、受封。
鳳輦黃道：宜作灶、祀灶、受封。
青龍黃道：宜祈福、婚取、造葬百事吉。
天貴黃道：宜祈福、婚取、造葬百事吉。
唐符黃道：宜上官、出行、求財、見貴。
國印黃道：宜上官、出行、求財、見貴。

時家凶神註解

日時相沖破：忌祭祀、祈福、出行、結婚、嫁取、修造、動土、開市、移徙、入宅、安葬百事凶吉。

截路空亡時(路空)：忌焚香、開光、祈福、酬神、神賽、進表、設醮、上官赴任、出行、求財、行船凶。

暗天賊時(天賊)：忌設醮設醮。

天兵凶時：忌上梁、入殮。

地兵凶時：忌動土、破土。

天狗下食(狗食)：忌祭祀、祈福、設醮、修齋。

天牢黑道：忌祭祀、上官赴任、詞訟。

天刑：忌祭祀、上官赴任、詞訟。

勾陳：忌詞訟。

元武：忌詞訟。

白虎：麒麟制吉多可用。指行事對男生、女生不利。

朱雀：鳳凰制吉多可用。

大退時：忌修造、造葬。

六戊時：忌焚香、祈福、設醮、起鼓。

旬空時：忌出行。宜開生墳、合壽木吉。

日建時：忌造船、行船凶。

日殺時：忌眾務，宜黃道合祿貴，吉多可用。

日刑時：忌上官諸眾務，合貴，吉多可用。

日害時：忌上官諸眾務，合貴，吉多可用。

雷兵時：忌修船大凶餘不忌。

五鬼時：忌出行。

五不遇時（不遇）：忌上官、出行。若合吉多可用。

當確定何日行何事時，讀者更要確認，當日雖為用事吉日，但別忘了，每日還有個「日沖」時，子日午時沖，午日子時沖，丑日未時沖，未日丑時沖，寅日申時沖，申日寅時沖，卯日酉時沖，酉日卯時沖，辰日戌時沖，戌日辰時沖，巳日亥時沖，亥日巳時沖，並非見吉日，便可用事，能夠在吉日中，再找到吉時，才是所謂的「良辰吉日」

（十五）二十四節氣（日出、日入、斗指方向、種植、魚撈）

農民曆這一行記錄二十四節氣日出、日落及臺灣北、中、南的季節性可種植的農作物，及各地的巡迴海魚。這裡我們單就二十四節氣說明，其餘種植及漁撈則不研究。

農民們累積著莊稼經驗，發明了節氣曆法，使得後代子孫，依循著節氣進行莊稼生產，於是由春耕而夏耘，等秋收後冬藏。漸漸地節氣由自然而人格神化，民間藝術家更以靈巧的手，捏塑了栩栩如生的節氣之神。

二十四節氣中分十二節，十二氣，即一個月之中有一節一氣，其意義在於農民們在一年之中，必需經歷四季寒暑、辛勤播種耕耘，才能夠有豐碩的收穫。

二十四節氣分別為：從春季第一天的立春開始，也是命理上的換年起始點，依序為準備耕種的雨水、春雷起而震驚萬物的驚蟄、晝夜均分的春分、東南風吹起的清明、提醒農民時雨將降的穀雨。接下來的立夏為夏季的第一天、小滿為穀類即將盈滿之際、芒種時稻穀已成穗、夏至之白日最長，而夏天的熱氣要到小暑、大暑之時才會漸漸發散來。夏天過後，就到了立秋，暑氣也在處暑這一天開始退去，而水氣會凝成露水的白露，及日夜等長的秋分，代表秋天真正開始，寒露、霜降之後，天氣便愈來愈冷了。立冬之後的小雪、大雪帶來了嚴冬，冬至是夜晚最長的一天，也是相當重要的日子，臺灣人們習慣於這一天吃湯圓和補冬，小寒、大寒則進入冬季最嚴寒之際，過了大寒，又到新的一年了。

季節	月份（陰曆）	節氣	陽曆日期	節氣的含義
春	正月	立春	2月4或5日	春季開始
		雨水	2月18或19日	開始下雨
	二月	驚蟄	3月5或6日	春雷響了，冬眠動物醒了
		春分	3月20或21日	春季過了一半；晝夜等長
	三月	清明	4月4或5日	天氣暖了（清和而明朗）
		穀雨	4月20或21日	雨量增多，穀類長得好
夏	四月	立夏	5月5或6日	夏季開始
		小滿	5月21或22日	麥粒長得飽滿了
	五月	芒種	6月5或6日	有芒的作物（麥類）成熟
		夏至	6月21或22日	夏天到了；晝最長夜最短
	六月	小暑	7月7或8日	天氣開始炎熱
		大暑	7月22或23日	一年最熱時節

季節	月份（陰曆）	節氣	陽曆日期	節氣的含義
秋	七月	立秋	8月7或8日	秋季開始
		處暑	8月23或24日	暑熱的天氣快完了
	八月	白露	9月7或8日	夜間較涼，會有露水
		秋分	9月23或24日	秋季過了一半；晝夜等長
	九月	寒露	10月8或9日	氣溫更低，夜間都有露水
		霜降	10月23或24日	開始有霜
冬	十月	立冬	11月7或8日	冬季開始
		小雪	11月22或23日	開始下雪
	十一月	大雪	12月7或8日	大風雪
		冬至	12月21或22日	寒冷開始；晝最短夜最長
	十二月	小寒	1月5或6日	天氣嚴寒
		大寒	1月20或21日	一年最寒冷的時節

這些節氣的意涵，是以中原地區的氣候為準，像我們在臺灣，秋、冬並沒有霜雪，夏、秋卻有颱風豪雨。

人們為了便於記誦節氣名稱和大概日期，編了一首『二十四節氣歌』：

春雨驚春清穀天，夏滿芒夏暑相連；
秋處露秋寒霜降，冬雪雪冬小大寒。
每月兩節不變更，最多相差一兩天；
上半年來六廿一，下半年來八廿三。

前四句裡，每句含有六個節氣，例如：「春雨」兩字代表立春和雨水；最後兩句說明節氣的大概日期，「六廿一」的六是「六日的前後」；「廿一」是指「二十一日前後」。（這裡日期都是陽曆，是「二十」的意思）

農民曆是以農業社會的時節與日常生活的參考用書，為中國古代祖先在流傳下來的經歷及體驗，經千年累月撰寫與添加各項內容，完成現今所流傳農民曆。所以臺灣的農民曆，也將適合種植的農產、洄游的魚群等，編撰於內。農民曆主要內容包含中國農曆帶有許多表示當天吉凶的黃曆。並附上二十四節氣的日期表，每天的吉凶宜忌、生肖運程等。

不少古代曆法都是由月亮算起，一個推測是黑夜中的月亮特別容易觀察，月亮盈虧一目了然，直至天文技術成熟後，才能觀察到太陽在曆法中的作用。古代農業經濟中，春天播種、秋天收耕，中國古代更以農耕為民生之主要，中國的農曆因此是結合了太陰曆與太陽曆兩者的陰陽合曆，以應四季與諸節氣。也因此，農曆中需閏月，以合乎一年共四季、約三百六十五日的長度。

農民曆之內容多數記載農事相關，除了陽曆、陰曆、時令節氣按年照月的順序排列，每日各有欄位記載吉時凶辰、卦爻、節慶、沖煞之事，因此不僅可作為年曆、月曆、日曆觀看，並可對於婚事、喪禮、祭祀、掃墓、探病、開市…等，重要之事參考做為擇時挑日的依據，在生活上也會供年歲、生肖、卦事查詢，通常在末頁附有安太歲符咒與安太歲方法。

農民曆相對於農民來說是十分重要，在中國傳統農業社會裡幾乎每戶人家皆擁有一冊。在臺灣，舊時主要是由各鄉鎮農會發行提供，封面多為黃色底福祿壽三星圖像，背面則為食物相剋中毒圖解。在臺灣相當普遍成為臺灣生活指南。黃曆版本眾多，有官方版本的通書、道教編寫的版本、民間版本的農民曆，官方版的通書以及道教均衍生許多流派，民間版本則是由平民或商人參考官方與道教版本而製作出的農民曆，導致現代民眾在查詢擇日書籍時，常常發生爭端，但經由本書導讀後，相信讀者對農民曆會有更深的認識。

農民曆有趣的部分，除了記日、擇日外，每本農民曆都有一些算命、保健或養生的部分，從生肖、血型、星座到居家開運，安神位到入宅，手面相等無所不包，頁碼越多則內容越豐富。今日農民曆編排內容已不止這些資料，而是隨著時代而編排，高速公路交通網，政令宣達等也透過現代的方式在農民曆流傳著。翻閱農民曆除了擇日外，細細品味其內容，總會有有新的發現。作為日常生活指南的農民曆，希望透過本書，讓讀者在翻閱農民曆時，更能融入農民曆的時空中。

二十三、用事的擇日

《協記辨方．卷十一》開宗明義：「選擇吉日用事，宜忌備矣。然鋪注萬年書則以事為經、以神為緯；選擇吉日時則以神為目，以事為綱，蓋鋪註以事序而選則由市起也。」擇日的條件，《協記辨方．卷十一》說到：「《大清會典載萬年書》記載：「御用六十七事、民用三十七事、通書選擇六十事。」今以次合為一編，而分列宜忌於事下，依事之次第，察其所宜忌之日而分注之，則輕重去取可辨矣作用事。」上述再結合當事人出生日期及其他條件，則可選擇吉日以用事。茲將《協記辨方．卷十一》內所列用事整理如下：

一、祭祀擇日

祭祀擇日**宜**天德、月德、天德合、月德合、天赦、天願、月恩、四相、時德、天巫、開日、普護、福生、聖心、益後、續世等日。

祭祀擇日**忌**天狗寅日。

二、祈福擇日

祈福擇日**宜**天德、月德、天德合、月德合、天赦、天願、月恩、四相、時德、天巫、開日、普護、福生、聖心、益后、續世等日。

祈福擇日**忌**月建、月破、平日、收日、劫煞、月煞、月刑、月害、月厭、大時、游禍、天吏、四廢日。（又**忌**祿空、上朔等日。）

三、求嗣擇日

求嗣擇日**宜**天德、月德、天德合、月德合、天赦、天願、月恩、四相、時德、開日、益后、續世等日。

求嗣擇日**忌**月建、月破、平日、收日、劫煞、災煞、月煞、月刑、月害、月厭、大時、游禍、天吏、四廢日。

四、上冊進表章（上冊受封）擇日

上冊進表章（上冊受封）擇日**宜**天德、月德、天德合、月德合、天赦、天願、臨日、福德、開等日。

上冊進表章（上冊受封）擇日**忌**月建、月破、平日、收日、閉日、劫煞、災煞、月煞、月刑、月害、月厭、大時、游禍、天吏、四廢、往亡日。

五、上表章擇日

上表章擇日宜天德、月德、天德合、月德合、月空、天赦、天願、臨日、福德、開日、解神等日。

上表章擇日忌月建、月破、平日、收日、閉日、劫煞、災煞、月煞、月刑、月害、月厭、大時、游禍、天吏、四廢、往亡日。

六、頒詔擇日

頒詔擇日宜天德、月德、天德合、月德合、天赦、天願、王日、開日等日。又天恩與驛馬、天馬、建日併者。

頒詔擇日忌月破、平日、收日、閉日、劫煞、災煞、月煞、月刑、月厭、四廢、往亡日。

七、覃恩肆赦擇日

覃恩肆赦擇日宜天德、月德、天德合、月德合、天恩、天赦、天願、王日、開日等日。

覃恩肆赦忌無。

八、施恩封拜（襲爵受封同）擇日

施恩封拜擇日宜天德、月德、天德合、月德合、天赦、天願、月恩、四相、時德、王日、建日、吉期、開日、天喜等日。官日、守日、相日只宜襲爵受封。

施恩封拜忌月破、平日、收日、閉日、滿日、劫煞、災煞、月煞、月刑、月厭、大時、天吏、四廢日。

九、詔命公卿、招賢擇日

詔命公卿招賢擇日宜天德、月德、天德合、月德合、天赦、天願、月恩、四相、時德、王日、建日、吉期、開日、天喜等日。

詔命公卿、招賢忌月破、平日、收日、閉日、滿日、劫煞、災煞、月煞、月刑、月厭、大時、天吏、四廢日。

十、舉正直擇日

舉正直擇日宜天德、月德、天德合、月德合、天赦、天願、月恩、四相、時德、王日、建日、吉期、開日、天喜等日。

舉正直**忌**月破、平日、收日、閉日、滿日、劫煞、災煞、月煞、月刑、月厭、大時、天吏、四廢日。

十一、施恩惠、恤孤惸[1]擇日

施恩惠、恤孤煢擇日**宜**天德、月德、天德合、月德合、天赦、天願、陽德、陰德、王日、開日等日。

施恩惠、恤孤惸擇日**忌**無。

十二、宣政事擇日

宣政事擇日**宜**天德、月德、天德合、月德合、天赦、天願、王日、開日等日。又天恩與驛馬、天馬、建日併者。

宣政事擇日**忌**月破、平日、收日、閉日、劫煞、災煞、月煞、月刑、月厭、四廢、往亡日。

十三、布政事擇日

布政事擇日宜天恩日。

布政事擇日 **忌** 月破、平日、收日、閉日、劫煞、災煞、月煞、月刑、月厭、四廢日。

十四、行惠愛、雪冤枉、緩刑獄擇日

行惠愛、雪冤枉、緩刑獄擇日 **宜** 天德、月德、天德合、月德合、天恩、天赦、天願、陽德、陰德、王日、開等日。

行惠愛、雪冤枉、緩刑獄擇日 **忌** 無。

十五、慶賜、賞賀擇日

慶賜、賞賀擇日 **宜** 天德、月德、天德合、月德合、天恩、天赦、天願、月恩、四相、時德、王日、三合、福德、天喜、開等日。

慶賜、賞賀 **忌** 月破、平日、收日、閉日、劫煞、災煞、月煞、月刑、月害、月厭、四廢、五離日。

十六、宴會擇日

宴會擇日 **宜** 天德、月德、天德合、月德合、天赦、天願、月恩、四相、時德、王日、福德、三合、開日、天喜、民日、六合、五合等日。

宴會擇日**忌**月破、平日、收日、閉日、月害、劫煞、災煞、月煞、月刑、月厭、五離、酉日、四廢日。

十七、入學擇日

入學擇日成日、開日。

入學擇日**忌**無。

十八、冠帶擇日

冠帶擇日**宜**定日。

冠帶擇日忌月破、平日、收日、劫煞、災煞、月煞、月刑、月厭、五墓、丑日、大時、天吏、四廢日。

十九、行幸遣使（出行同）擇日

行幸遣使（出行同）擇日**宜**天德、月德、天德合、月德合、天赦、天願、月恩、四相、時德、王日、福德、三合、開日、天喜、建日、天馬、驛馬等日。

行幸遣使（出行同）擇日**忌**月破、平日、收日、閉日、劫煞、災煞、月煞、月刑、月厭、五墓、丑日、大時、天吏、四廢、天賊、往亡、巳日。

二十、安撫邊境擇日

安撫邊境擇日**宜**天德、月德、天德合、月德合、天赦、天願、王日、守日、兵福、兵寶、兵吉、危日、成日等日。

安撫邊境擇日**忌**月破、平日、收日、死神、劫煞、災煞、月煞、月刑、月厭、大時、天吏、死氣、四擊、四耗、四廢、四忌、四窮、五墓、兵禁、大煞、往亡、八專專日、伐日。

二十一、選將訓兵擇日

選將訓兵擇日**宜**天德、月德、天德合、月德合、天赦、天願、王日、兵福、兵寶、兵吉、危日等日。

選將訓兵擇日**忌**月破、平日、收日、死神、劫煞、災煞、月煞、月刑、月害、月厭、大時、天吏、死氣、四擊、四耗、四廢、四忌、四窮、五墓、兵禁、大煞、往亡、八專專日、伐日。

二十二、出師擇日

出師擇日 **宜** 天德、月德、天德合、月德合、兵福、兵寶、兵吉等日。

出師擇日忌月破、平日、收日、死神、閉日、劫煞、災煞、月煞、月刑、月害、月厭、大時、天吏、死氣、四擊、四耗、四廢、四忌、四窮、五墓、兵禁、大煞、往亡、八專專日、伐日。

二十三、上官赴任擇日

上官赴任擇日天德、月德、天德合、月德合、天赦、天願、月恩、四相、時德、王日、官日、守日、相日、臨日、建日、吉期、天喜、開日等日。

上官赴任擇日 **忌** 月破、平日、收日、滿日、閉日、劫煞、災煞、月煞、月刑、月厭、大時、天吏、四廢、五墓、往亡日。

二十四、臨政親民

皇權產物，不列舉。

二十五、結婚姻擇日

結婚姻擇日**宜**天德、月德、天德合、月德合、天赦、天願、月恩、四相、時德、三合、天喜、民日、六合、五合等日。

結婚姻擇日**忌**月破、平日、收日、閉日、劫煞、災煞、月煞、月刑、月厭、五墓、月害、大時、天吏、四廢、四忌、四窮、五離、八專、往亡、建日。

二十六、納采問名擇日

納采問名擇日**宜**天德、月德、天德合、月德合、天赦、天願、月恩、四相、時德、三合、天喜、民日等日。

納采問名擇日**忌**月破、平日、收日、閉日、劫煞、災煞、月煞、月刑、月厭、五墓、月害、大時、天吏、四廢、四忌、四窮、五離、八專、往亡、建日。

二十七、嫁娶擇日

嫁娶擇日天德、月德、天德合、月德合、天赦、天願、三合、天喜、六合、不將日等日。

嫁娶擇日**忌**月破、平日、收日、閉日、劫煞、災煞、月煞、月刑、月厭、五墓、月害、大時、天吏、四廢、四忌、四窮、五離、八專、厭對、亥日。

二十八、進人口擇日

進人口擇日天願、三合、滿日、民日、六合、天倉、收日等日。

進人口擇日**忌**月破、平日、死神、閉日、劫煞、災煞、月煞、月刑、月厭、五墓、月害、大時、天吏、四廢、四窮、九空、往亡日。

二十九、移徙擇日

移徙擇日**宜**天德、月德、天德合、月德合、天赦、天願、月恩、四相、時德、開日、天馬、成日等日。

移徙擇日**忌**月破、平日、收日、閉日、劫煞、災煞、月煞、月刑、月厭、五墓、月害、大時、天吏、四廢、歸忌、往亡日。

三十、遠回擇日

遠回擇日**忌**月厭、歸忌。

三十一、安床擇日

安床擇日宜危日。

安床擇日忌月破、平日、收日、閉日、劫煞、災煞、月煞、月刑、五墓、大時、天吏、四廢、申日。

三十二、解除擇日

解除擇日宜天德、月德、天德合、月德合、天赦、月恩、四相、時德、開日、解神、除神、除日等日。

解除擇日忌月建、平日、收日、劫煞、災煞、月煞、月刑、月厭、五墓、死神、大時、天吏、四廢、死氣、游禍日。

三十三、沐浴擇日

沐浴擇日宜除日、解神、除神、亥子日。

沐浴擇日忌伏社日。

三十四、整容剃頭擇日

整容剃頭擇日 宜 除日、解神、除神日。

整容剃頭 忌 月建、月破、劫煞、災煞、月煞、月刑、月厭、丁日、每月十二日、十五日。

三十五、整手足甲擇日

整手足甲擇日 宜 除日、解神、除神日。

整容剃頭 忌 月建、月破、劫煞、災煞、月煞、月刑、月厭、丁日、每月一日、六日、十五日、十九日、二十一日、二十三日。

三十六、求醫療病擇日

求醫療病擇日 宜 天德、月德、天德合、月德合、天赦、月恩、四相、時德、天后、除日、破日、開日、天醫、解神、除神等日。

解除擇日 忌 月建、平日、收日、死神、滿日、閉日、劫煞、災煞、月煞、月刑、月厭、大時、天吏、死氣、四廢、五墓、往亡、未日、每月十五日、朔弦望日。

三十七、療目擇日

療目**忌**閉日。

三十八、針刺擇日

針刺擇日**忌**血支、血忌。

三十九、裁製（裁衣同）擇日

裁製（裁衣同）擇日**宜**天德、月德、天德合、月德合、天赦、天願、月恩、四相、時德、王日、三合、滿日、開日、復日等日。

裁製（裁衣同）擇日**忌**月破、平日、收日、劫煞、災煞、月煞、月刑、月厭、四廢。

四十、營建宮室擇日

營建宮室擇日**宜**天德、月德、天德合、月德合、天赦、天願日。

營建宮室擇日**忌**月建、土府、月破、平日、收日、閉日、劫煞、災煞、月煞、月刑、月厭、五墓、土符、大時、天吏、四廢、地囊、土王用事後。

四十一、修宮室擇日

修宮室擇日**宜**月恩、四相、時德、三合、福德、開日。

修宮室擇日**忌**月建、土府、月破、平日、收日、閉日、劫煞、災煞、月煞、月刑、月厭、五墓、土符、大時、天吏、四廢、地囊、土王用事後。

四十二、繕城郭擇日

繕城郭擇日**宜**天德、月德、天德合、月德合、天赦、月恩、國相、時德、三合、福德、開日。

繕城郭擇日**忌**月建、土府、月破、平日、收日、閉日、劫煞、災煞、月煞、月刑、月厭、五墓、土符、大時、天吏、四廢、地囊、土王用事後。

四十三、築堤防擇日

築堤防擇日**宜**成日、閉日。

築堤防擇日**忌**月土府、月破、平日、收日、閉日、劫煞、災煞、月煞、月刑、月厭、五墓、土符、大時、天吏、四廢、地囊、土王用事後。

四十四、興造動土（修造同）擇日

興造動土擇日（修造擇日同）宜天德、月德、天德合、月德合、天赦、月恩、四相、時德、三合、福德、開日。

興造動土擇日（修造擇日同）忌月建、土府、月破、平日、收日、閉日、劫煞、災煞、月煞、月刑、月厭、五墓、土符、大時、天吏、四廢、地囊、土王用事後。

四十五、豎柱上樑擇日

豎柱上樑擇日宜天德、月德、天德合、月德合、天赦、月恩、四相、時德、三合、福德、開日。

豎柱上樑擇日忌月建、土府、月破、平日、收日、閉日、劫煞、災煞、月煞、月刑、月厭、大時、天吏、四廢、五墓。

四十六、修倉庫擇日

修倉庫擇日宜天德、月德、天德合、月德合、天赦、天願、三合、滿日。

修倉庫擇日時若有收日、母倉、六合、五富、天倉與月德、四相、時德、開日並者，**忌**月建、土府、月破、平日、收日、閉日、劫煞、災煞、月煞、月刑、月厭、五墓、土符、大時、天吏、小耗、天賊、四耗、四窮、五虛、九空、地囊、土王用事日。

四十八、鼓鑄[2]擇日。四十九、苫蓋[3]擇日。五十、經絡擇日。五十一、醞釀[4]擇日。

舊時生活，現不列舉。

五十二、開市擇日

開市擇日**宜**天願、民日、滿日、成日、開日、五富日。

開市擇日**忌**月破、平日、收日、劫煞、災煞、月煞、月刑、月厭、五墓、大時、天吏、小耗、天賊、四耗、四窮、五離、四廢、九空。

五十三、立券交易擇日

立券交易擇日**宜**天願、民日、滿日、成日、開日、五富、五合、六合日。

立券交易擇日**忌**月破、平日、收日、劫煞、災煞、月煞、月刑、月厭、五墓、大時、天吏、小耗、天賊、四耗、四窮、五離、四廢、九空。

五十四、納財擇日

納財擇日**宜**天德、月德、天德合、月德合、天赦、天願、三合、民日、滿日、收日、開日、五富、六合、天倉、母倉日。

納財擇日**忌**月破、平日、收日、劫煞、災煞、月煞、月刑、月厭、大時、天吏、大耗、小耗、四耗、四窮、四廢、五虛、九空日。

五十五、開倉庫、出貨財擇日

開倉庫、出貨財擇日**宜**月恩、四相、時德、滿日、五富日。

開倉庫、出貨財擇日**忌**月破、平日、收日、劫煞、災煞、月煞、月刑、月厭、大時、天吏、大耗、小耗、四耗、四窮、四廢、五虛、九空、甲日。

五十六、修置產室擇日

修置產室擇日**宜**開日。

修置產室擇日**忌**月建、土府、月破、平日、收日、閉日、劫煞、災煞、月煞、月刑、月厭、五墓、土符、大時、天吏、地囊、土王用事日。

五十七、開渠穿井擇日

開渠穿井擇日**宜**開日。

開渠穿井擇日**忌**土府、月破、平日、收日、閉日、劫煞、災煞、月煞、月刑、月厭、五墓、土符、四廢、地囊、土王用事日

五十八、安碓磑[5]擇日舊時生活，現不列舉。

五十九、補垣塞穴擇日

補垣塞穴擇日**宜**滿日、閉日。

補垣塞穴擇日**忌**土府、月破、劫煞、災煞、月煞、月刑、月厭、四廢、九坎、地囊、土王用事日。

六十、掃舍宇擇日

掃舍宇擇日宜除日、除神。

掃舍宇擇日忌無。

六十一、修飾垣牆擇日

修飾垣牆擇日宜平日。

修飾垣牆擇日忌土府、月破、劫煞、災煞、月煞、月刑、月厭、四廢、地囊、土王用事日。

六十二、平治道塗[6]擇日

平治道塗擇日宜平日。

平治道塗擇日忌土府、月厭、土符、地囊、土王用事日。

六十三、破屋壞垣擇日

破屋壞垣擇日宜月破日。

破屋壞垣擇日忌月建、土府、劫煞、災煞、月煞、月刑、月厭、

土符、地囊、土王用事日。

六十四、伐木擇日。六十五、捕捉擇日。六十七、畋[7]獵擇日。六十八、取魚擇日。六十九、乘船渡水擇日。七十、栽種擇日。七十一、牧養擇日。七十二、納畜擇日。不列舉。

七十三、破土擇日

破土擇日 **宜** 鳴吠、鳴吠對日。

破土擇日 **忌** 月建、土府、劫煞、災煞、月煞、月刑、月厭、五墓、土符、四廢、地囊、復日、重日、土王用事日。

七十四、安葬擇日

安葬擇日 **宜** 天德、月德、天德合、月德合、天赦、天願、六合、鳴吠日。

安葬擇日 **忌** 月建、月破、土府、平日、收日、劫煞、災煞、月煞、月刑、月厭、土符、四廢、四窮、四忌、地囊、復日、重日。

七十五、啟攢擇日

啓攢擇日**宜**嗚吠對日。

啓攢擇日**忌**月建、月破、土府、平日、收日、劫煞、災煞、月煞、月刑、月厭、四廢、五墓、復日、重日。

以上為選擇吉日用事，共計七十五事，不論舊時御用、民用之事全部涵蓋，若自行選日相信必花費不少時間擇日，所以農民曆以將每日可用之事於用事欄列出，讓讀者選擇之時，不必再參照許多宜忌，而能快速選擇可用之日，所以農民曆可說是生活指南用書。

1 ㄑㄩㄥˊ 名詞沒有兄弟的人。形容詞表孤獨。
2 鼓風扇火，冶煉金屬，鑄造器械或錢幣。
3 茅草編的覆蓋物。亦特指草衣、茅屋。
4 造酒的發酵過程。亦借指造酒。
5 安 ㄉㄨㄟˋ ㄨㄟˋ 春米和磨粉用具。
6 平治，即整治之意。塗通途。平治道塗，即修整道路的意思。
7 ㄊㄧㄢˊ ㄌㄧㄝˋ 打獵。

二十四、孤鸞年

孤鸞；顧名思義不能鸞鳳雙飛，傳説孤鸞年結婚難以白頭偕老，不是丈夫早死，就是妻子守活寡，要不然就會禍事連連。目前臺灣的習俗是説，在國曆一年當中，出現兩次「立春」，這一年就是孤鸞年。根據傳説，在孤鸞年結婚的夫妻聚少離多，因為「春」代表桃花的意思。一年出現兩個「春」，讓人聯想到「二度春」、「第二春」，甚至有「雙春」淫亂意涵，表示桃花不止一朵，婚姻不安定，可能會有外遇，所以不利婚姻，而在孤

鸞年的隔年沒有立春，也稱為寡宿年。但同樣是中國人，彼岸中國卻沒有所謂的孤鸞年，這是何故？事實上，孤鸞年乃日本人的婚姻習俗，臺灣早年受過日本人統治，因此老一代臺灣人也延襲了這種外來迷信。日本婚姻習俗的孤鸞年，指的是「丙午馬」這年，據說有一名丙午年出生的女人，無惡不作，大家不敢娶她，因此將丙午年視為不祥之年，並稱之為孤鸞年。孤鸞年不適結婚？民間所盛傳的孤鸞年，筆者認為孤鸞年、寡宿年等不適合結婚的說法，都只是無稽之談，若過度迷信，大陸或香港等地區反而認為一年兩次「立春」，象徵「雙春、雙喜」，適合婚嫁。沒有「立春」節氣，才是不適合結婚的「寡宿年」。「孤鸞年」是源自日本的一種婚俗迷信，它在日本婚俗迷信中也僅限於丙午馬這一年，並非所有的午馬年；是六十年一輪的丙午馬，而非十二年一輪的午馬年。臺灣因被日本統治過而沿襲這個迷信，事實上與我們一點關係都沒有日本人的婚俗縱有忌憚，只是不願娶丙午年出生的女子，相較於我們的「孤鸞年」實是無中生有。「孤鸞年」亦是憑空捏造，不足採信只要雙方家長共同找個值得信賴的擇日老師，合個八字，翻閱農民曆選個黃道吉日，良辰吉時，訂婚、結婚就行了！

二十五、常見臺灣節日、節慶、紀念日或外來節日依照月份整理

日期	節日	備註
一月一日	元旦	中華民國開國紀念日
農曆十二月二十九或三十	除夕	以農曆為準，為每年歲末最後一天。
農曆一月一日	新年、春節	以農曆為準，為每年歲首第一天。道教節
農曆一月十五日	元宵節	也稱上元節
一月十九日	消防節	
農曆立春	農民節	二十四節氣立春，二月四日或五日。
二月十四日	情人節	
二月二十八日	和平紀念日	
農曆一月二十	全國客家日	
三月八日	國際婦女節	

日期	節日	備註
三月十二日	國父逝世紀念日	植樹節
三月十四日	白色情人節	反侵略日
三月二十九日	青年節	革命先烈紀念日
三月份	復活節	復活節（拉丁語：Pascha），又稱主復活日，是基督教的重要節日之一，每年春分月圓之後第一個星期日。
四月一日	愚人節	
四月四日	兒童節	中華民國訂定三月八日為婦女節，一九九〇年以前放假半天。一九九一年二月一日，修正《紀念日及節日實施辦法》，將婦女節與兒童節合併於放假，理由為兒童放假一天乏人照顧，並能與清明節形成連續假期；此節日正式名稱為「婦女節、兒童節合併假期」，但民間開始出現簡稱「婦幼節」。
四月份	清明節	二十四節氣清明節，四月四日或四月五日。
四月七日	言論自由日	

日期	節日	備註
四月二十二日	世界地球日	
五月一日	勞動節	
五月十二日	國際護士節	
五月份	母親節	五月第二個星期日
農曆五月五日	端午節	
六月三日	禁煙節	
六月十五日	警察節	
農曆七月七日	七夕	中國情人節
農曆七月十五日	中元節	也稱中元普渡、盂蘭盆節。
七月十五日	解嚴紀念日	
八月八日	父親節	
農曆七月二十日	義民節	專屬客家人的節日。

日期	節日	備註
八月十四日	空軍節	
農曆八月十五日	中秋節	
八月份	祖父母節	每年八月的第四個星期日
農曆九月初九	重陽節	
九月一日	記者節	
九月三日	軍人節	
農曆八月十五日	中秋節	
九月二十八日	教師節	孔子誕辰紀念日
十月十日	國慶日	
十月十一日	臺灣女孩日	
十月二十四日	聯合國日	
十月二十五日	臺灣光復節	

日期	節日	備註
十月三十一日	萬聖節	
十一月十二日	國父誕辰紀念日	中華文化復興節
十一月份	感恩節	每年十一月第四個星期四。
十二月二十五日	聖誕節	行憲紀念日
原住民族歲時祭	由各該部落另定	民俗節日，各該部落放假一日

二十六、農曆諸神佛誕辰千秋表

正月令

正月初一：道教節
元始天尊
盤古聖祖 聖壽
鴻鈞老祖 聖壽
彌勒尊佛 佛誕
玄玄上人 聖壽
明明上帝 聖壽
一炁玄童世尊 聖壽
正月初三：孫臏真人 聖誕
正月初四：接神
接財神
正月初六：清水祖師 聖誕
正月初八：五殿閻羅天子包 聖誕

正月初九：玉皇上帝 萬壽
石碇魏扁仙姑 千秋
正月十一：康元帥 聖誕
正月十三：關聖帝君 飛昇
正月十五：臨水夫人陳靖姑 聖誕
門神戶尉 千秋
上元天官大帝 聖誕
元宵節
正月十六：八卦祖師 聖誕
正月十九：長春真人 聖誕
正月二十：水德星君 例祭日
武德尊侯沈祖公 聖誕
正月廿四：九天玄女 例祭日
雷都光耀大帝 聖誕

二月令

二月初一：楊威侯劉猛將軍 千秋

一殿閻羅秦廣王蔣 聖誕

二月初二：降龍轉世的濟公菩薩 佛誕

福德正神 聖誕、頭牙日

土穀尊神聖誕

二月初三：文昌帝君 聖誕

二月初四：曹國舅 聖誕

二月初五：藍采和 聖誕

二月初六：東華帝君 聖誕

二月初八：三殿閻羅宋帝王余 聖誕

二月十五：專管生兒育女的花神 聖誕

精忠武王岳飛 聖誕

二月十五：九天玄女 聖誕

三山國王 聖誕

太上老君 萬壽

二月十六：開漳聖王 聖誕

二月十八：四殿閻羅五官王呂 聖誕

二月十九：觀世音菩薩 佛誕

二月廿一：普賢菩薩【大行】 佛誕

二月廿二：廣澤尊王 例祭日

二月廿六：鸞門 趙恩師(趙子龍) 聖誕

二月：阿里山忠王吳鳳春秋二祭

二月廿八：蘇仙公靜慧真人 聖誕

三月令

三月初一：二殿閻羅楚江王厲 聖誕

三月初三：玄天上帝 萬壽

三月初五：大伯爺(介子推) 聖誕

三月初六：謝映登仙祖 聖誕

三月初六：濟公活佛成道
三月初七：三天王考聖誕
三月初八：堪輿祖師楊公(楊筠松) 聖誕
六殿閻羅卞城王畢 聖誕
三月初九：楊令公 聖誕
三月十五：保生大帝 聖誕
武財神趙玄壇 聖誕
無極老母娘 聖誕
三月十六：準提菩薩 佛誕
慚愧祖師潘了拳 聖誕
三月十八：中嶽大帝 佛誕

三月十八：梨園祖師 老郎神 聖誕
南天廖將軍 聖誕
后土皇神 聖誕
三月十九：顯光普照天尊太陽星君 佛誕
三月二十：註生娘娘 聖誕
三月廿三：天上聖母 聖誕
三月廿六：鬼谷仙王禪祖師 聖誕
三月廿七：七殿閻羅泰山王董 聖誕
三月廿八：東嶽大帝 聖誕
倉頡先師 聖誕

四月令

四月初一：八殿閻羅都市王黃 聖誕
四月初四：智慧之師文殊菩薩 聖誕
四月初八：九殿閻羅平等王陸 聖誕

四月初八：釋迦牟尼佛祖 萬誕
四月十二：隨駕王爺 李勇千秋
四月十三：神醫華佗先師 聖誕

四月十三：爐公先師胡靖例祭日
四月十四：孚佑帝君(呂純楊祖師) 聖誕
四月十五：鐘離帝君 聖誕
　　　　　釋迦文佛得道義
四月十七：十殿閻羅轉輪王薛 聖誕
四月十八：北極紫微帝君 萬壽
　　　　　碧霞元君 聖誕
　　　　　華陀神醫 千秋
四月廿一：托塔天王李靖 聖誕
四月廿一：先天朱將軍 聖誕

四月廿四：代天巡狩李大王爺 聖誕
　　　　　神農大帝例祭日
　　　　　金光祖師 聖誕
四月廿五：武安尊王 千秋
四月廿六：五穀先帝 千秋
　　　　　南鯤鯓 李大王 千秋
四月廿七：代天巡狩范五王爺 聖誕
四月廿八：神農大帝 萬誕
　　　　　藥王扁鵲 聖誕

五月令

五月初一：何仙姑 聖誕
　　　　　南極長生帝君 千秋
五月初二：文天祥夫子 聖誕
五月初三：定遠帝君班超 聖誕
五月初四：九龍三公 聖誕

五月初五：端午節 祭屈原
　　　　　南天駱恩師 聖誕
五月初六：清水祖師 成道
五月初七：巧聖先師魯班 聖誕
五月初十：炳靈公 聖誕

五月十一：天下都城隍 千秋
五月十三：關平太子 千秋
　　　　　霞海城隍 聖誕
五月十七：漢高帝 聖誕
　　　　　蕭府王爺 千秋
五月十八：道教祖師張天師 聖誕

五月十九：九天馬恩師 聖誕
五月二十：普化真君長玄真人 聖誕
五月廿五：保儀尊王張巡 聖誕
五月廿六：巾幗英雄佘太君 聖誕
　　　　　武安尊王許遠 聖誕

六月令

六月初三：韋馱尊神 佛誕
　　　　　龍華大會
六月初六：彭祖 壽誕
　　　　　六六祭穀神可保百事順遂
　　　　　史傳流芳的楊四郎將軍 聖誕
　　　　　九天李恩師 聖誕
六月初七：瑤華帝君韓湘子 聖誕
六月初八：四女仙祖 聖誕

六月初十：張李莫三府千歲統一祭典
　　　　　金粟如來 聖誕
　　　　　海蟾祖師 聖誕
六月十一：田都元帥 聖誕
六月十三：驪山老母 萬壽
六月十五：護國軍師劉伯溫 聖誕
　　　　　靈官王天君 聖誕
　　　　　無極老申娘 聖誕

六月十八：池二王爺 聖誕

六月十九：剛直忠勇周大將 聖誕
觀世音菩薩得道記念

六月廿三：火神祝融 聖誕

六月廿四：善變識惡雷聲普化天尊 聖誕
二郎神 聖誕

六月廿四：夏月謝灶神
關聖帝君 聖誕
西秦王爺 千秋
雷祖大帝 聖誕
南極大帝 聖誕

六月廿五：辛天君雷神 聖誕

七月令

七月初一：丁府八千歲 聖誕
今日開鬼門

七月初七：百蟲將軍 聖誕
鐘魁帝君 聖誕
魁星 聖誕
七星娘娘 聖誕
衛房聖母 聖誕

七月初十：李鐵拐仙翁 聖誕

七月十三：大勢至菩薩 佛誕

七月十四：寇閻王 聖誕
延平郡王鄭成功(開臺聖王) 聖誕

七月十五：中元地官 聖誕

七月十八：太真西王母(瑤池王母)萬壽

七月十九：值年太歲 聖誕
天然古佛 聖誕

七月二十：褒忠義民節
七月廿一：菩庵菩薩 佛誕
七月廿三：法主公 聖誕
　諸葛武侯 聖誕
　南宮柳星君 聖誕
七月廿四：龍樹菩薩 佛誕

七月廿五：武德英侯沈彪 聖誕
七月廿六：薩真君 聖誕
七月廿九：地藏王菩薩 佛誕
　今日關鬼門、謝平安

八月令

八月初三：邢王爺 聖誕
　解厄延生北斗星君 聖誕
　東廚司命灶君 聖誕
　九天朱恩師 聖誕
　姜相子牙 千秋
八月初五：雷天普化天尊 聖誕
八月初六：楊五郎(楊府元帥) 聖誕
八月初八：八字娘娘 聖誕

八月初八：瑤池大會
　李鐵拐仙翁 聖誕
八月初十：北獄大帝 聖誕
　臨水夫人李姑 千秋
八月十五：太陰星君 聖誕
　朱府王爺 聖誕
八月十五：今日中秋節
八月十八：謫仙人李白 聖誕

八月十八：九天玄女娘娘 聖誕
八月廿二：燃燈佛 萬壽
　　　　　廣澤尊王 聖誕
八月廿三：張恒侯大帝 聖誕

八月廿三：邢天王爺 千秋
八月廿四：南鯤鯓萬善爺 千秋
八月廿五：敵天大帝 聖誕
八月廿九：中華聖母 聖誕

九月令

九月初一：南斗星君 聖誕
九月初九：斗母星君 聖誕
　　　　　天上聖母飛昇
　　　　　重陽帝君 聖誕
　　　　　孔聖父啟聖王 聖誕
　　　　　酆都大帝 聖誕
　　　　　中壇元帥 聖誕
九月十一：復聖顏夫子 聖誕
九月十三：船神孟婆 誕辰

九月十五：紫陽朱夫子 聖誕
　　　　　女媧娘娘 聖誕
　　　　　吳府王爺 聖誕
九月十七：洪恩仙真 聖誕
　　　　　顯應祖師 聖誕
九月十八：葛仙祖師 聖誕
　　　　　觀世音菩薩出家紀念
九月廿八：五顯靈官 聖誕
九月三十：王陽明夫子 聖誕

十月令

十月初三：助順將軍黃道周 聖誕
臨水夫人林姑 千秋
瑤華帝君韓湘子 聖誕
三茅真君 聖誕
十月初五：達摩祖師 佛誕
十月初十：八仙之一張果老 聖誕
十月十二：齊天大聖 聖誕
四海龍王 聖誕
十月十三：溫瓊元帥 聖誕
十月十五：開山聖帝君 聖誕

十月十五：下元水官大帝 聖誕
十月十六：盤古公 萬壽
十月十八：虛空地母至尊 萬壽
十月廿二：青山靈安尊王 千秋
十月廿三：周倉將軍爺 千秋
十月廿五：感天大帝許真人 千秋
十月廿七：紫微星君 聖誕
十月廿八：慚愧祖師 聖誕
十月廿九：五年千歲統一例祭大典

十一月令

十一月初一：溫王爺 聖誕
十一月初四：安南尊王 聖誕

十一月初六：西嶽大帝 聖誕
十一月十一：太乙救苦天尊 聖誕

十一月十五：古公三王 聖誕

無極老申娘 聖誕

十一月十七：阿彌陀佛 佛誕

十一月廿三：張仙大帝 聖誕

十一月廿六：廣惠聖王 聖誕

十一月廿七：杏林神醫董真人 聖誕

普菴祖師 聖誕

十一月廿九：新竹都城隍威靈公 聖誕

十二月令

十二月初四：三代祖師 聖誕

十二月初六：普庵祖師 聖誕

十二月初八：張英濟王 聖誕

釋迦文佛 成道

十二月十三：王老仙師 萬壽

十二月十六：南獄大帝 聖誕

今日尾牙酬謝福德正神

十二月二十：全真教主重陽祖師 聖誕

十二月廿四：今日送諸神

十二月廿五：玉皇上帝下降察訪人間

十二月廿九：南斗北斗星君下降

十二月廿九：華嚴菩薩 佛誕

二十七、參考書目

〔東漢〕班固，《漢書》，北京：中華書局，二〇〇七年，第一版。

〔東漢〕許慎撰，《說文解字》，天津：天津古籍出版社，一九九一年。

〔明〕董德彰著，〔民〕李崇仰重編，《董公選擇要覽》，臺北：集文書局，一九九八年六月，三版。

〔清〕邱庭澍、倪廷梅、等撰，紀昀總纂，《協紀辨方書》，臺北：臺灣商務印書館，一九八三年，據國立故宮博物院藏本影印收於「影印文淵閣四庫全書・子部・術數類」第八一一冊。

陳夢雷，蔣廷錫編，《曆象彙編》，上海：中華書局，一九三四年，收入於《古今圖書集成》。

高平子，《學曆散論》，臺北：中研院數學所，一九六九年，初版。

明文出版社，《中國天文史話》，臺北：明文出版社，一九八三年。

陳遵嬀，《中國天文學史》，臺北：明文出版社，一九八四年。

鄭天傑，《曆法叢談》，臺北：文化大學，一九八五年

鄭天傑，《曆法叢談》，臺北：文化大學，一九八五年。

曹謨編著，《中華天文學史》，臺北：臺灣商務印書館，一九八六年。

劉樂賢，《睡虎地秦簡日書研究》，臺北：文津，一九九四年。

王熹，李永匡著，《中國節令史》，臺北：文津出版社，一九九五年。

薄樹人主編，《中國天文學史》，臺北：文律，一九九六年。

王佳編著，《二十四節氣》，合肥：黃山書社，二〇一三年。

譚冰，《古今曆術考》，香港：三聯書店有限公司，二〇一三年。

洪潮合著，《剋擇講義》，臺中：文林出版社，二〇〇〇年。

瑞成書局，《玉匣記》，臺中：瑞成書局，一九九七年。

鍾進添著，《擇日大鑑》，臺中：創譯出版社，一九五八年。
沈朝合，《葫蘆墩精準萬年曆》，臺北：進源書局，二〇〇七年，初版二刷。
談佳琪，〈子平命學四柱理論架構探微——以曆法為中心〉，逢甲大學中國文學系碩士班論文，二〇一八年。
于豪亮〈秦簡《日書》記時記月諸問題〉，收於于豪亮，《于豪亮學術文存》，北京：中華書局，第一版，一九八五年，頁一五七～一六二。
方瀟，〈「天機不可洩漏」：古代中國對天學的官方壟斷和法律控制〉，《甘肅政法學院學報》二，二〇〇九年七月，頁一～八。
宋世祥，〈漢人傳統氣化宇宙觀、命運人觀與風水實踐〉，《宗教哲學》四十，二〇〇七年六月，頁一七四～二〇四。
李勇，〈《授時曆》五星推步的精度研究〉，《天文學報》五十二：一，北京，二〇一一年一月，頁四三～五四。
李雄寶、鮑夢賢，〈曆法發展的一種模式〉，《天文研究與技術（國家天文臺臺刊）》五：二，二〇〇八年六月，頁二二〇～二二五。
林碩，〈納音術形成時間考〉，《中國道教》一，二〇一七年二月，頁三八～四五。
唐繼凱，〈納音原理初探〉，《黃鐘（武漢音樂學院學報）》二，二〇〇四年四月，頁六〇－六六。
黃大同，〈六十甲子納音〉，《文化藝術研究》二：四，二〇〇九年七月，頁六四～九八。
劉英華，〈敦煌本藏文六十甲子納音文書研究〉，《中國藏學》一一七：一，二〇一五年，頁一六〇～一七〇。
孫郁興：〈中國各朝曆法及其基數變遷〉，《中華科技史學會學刊》二十，二〇一五年十二月，頁九八～一一二。

黃一農，〈中國史曆表朔閏訂正舉隅——以唐《麟德曆》行用時期為例〉，《漢學研究》十：二，一九九二年十二月，頁三〇五~三三二。
黃一農，〈從尹灣漢墓簡牘看中國社會的擇日傳統〉，《中央研究院歷史語言研究所集刊》七十：三，一九九九年九月，頁五八九-六二六。
黃一農，〈湯若望與清初西曆之正統化〉，收於吳嘉麗、葉鴻灑主編，《新編中國科技史》下冊，臺北：銀禾文化事業公司，一九九〇年，頁四六五~四九〇。
黃一農，〈通書——中國傳統天文與社會的交融〉，《漢學研究》十四：二，一九九六年十二月，頁一五九~一八六。
黃一農，〈擇日之爭與康熙曆獄〉，《清華學報》二十一：二，一九九一年九月，頁二四七-二八〇；
蘇國輝，〈公曆、農曆及其相關性探析〉，《武漢科技大學學報（社會科學版）》八：四，二〇〇六年八月，頁一〇一~一〇四。
[日]加藤大岳，《干支曆抄》，東京，紀元書房，一九五三年。
[日]阿部泰山，《萬年曆》，京都，京都書院，一九八六年。

國家圖書館出版品預行編目資料

解讀農民曆 / 談欽彰著 . -- 初版 . -- 新北市 :
臺灣的故事， 2019. 10
面； 公分
ISBN 978-986-98101-1-1 (平裝)
1. 曆書 2. 中國
327.42 108013390

解讀農民曆

作者：談欽彰
地址：臺中市北屯區中清路二段1166巷28弄123號
電話：(〇四)二四二五—四三五六
行動電話：〇九三二—六一九—八九五
電郵：tcj1060.tw@yahoo.com.tw
出版者：臺灣的故事有限公司
地址：新北市中和區建六路67巷2號
電話：(〇二)二二二三—八八一七
網址：http://www.twtds.com
電郵：long.kuang64@msa.hinet.net
出版：二〇一九年十月 初版